Im modernen Alltag gibt es mehr Zahlen als Wörter. Big Data ist in aller Munde. Aber Daten muss man, um sie zu verstehen, genauso deuten wie Wörter. Mathe-Prof. und Zahlen-Guru Christian Hesse zeigt, wie. Er enthüllt die folgenreichsten Fehlerquellen bei Zahlen, Daten und Statistiken, erklärt, wie sie zustande kommen und wie hier Abhilfe zu schaffen ist.

Zahlen lügen nicht, könnte man denken. Doch das stimmt nicht immer. Man kann aus Zahlen, Daten und Statistiken auf der Hand liegende Schlüsse ziehen und sich dennoch ins Unrecht setzen. «Lügen mit der Wahrheit» könnte man das nennen. Hätten Sie zum Beispiel gedacht, dass sich Ihre Situation verschlechtern kann, wenn Sie eine zusätzliche Handlungsmöglichkeit eingeräumt bekommen? Das ist nur eines von vielen Paradoxa mit Relevanz für das tägliche Leben, die Christian Hesses neues Buch mit intelligentem Witz aufspürt und auflöst. Wer richtig rechnet, lebt besser und im Zweifelsfall auch länger.

Christian Hesse, geb. 1960, promovierte an der Harvard University (USA) und lehrte an der University of California, Berkeley (USA). Seit 1991 ist er Professor für Mathematik an der Universität Stuttgart. Im Verlag C.H.Beck sind von ihm erschienen: *Das kleine Einmaleins des klaren Denkens. 22 Denkwerkzeuge für ein besseres Leben* ([3]2010); *Warum Mathematik glücklich macht. 151 verblüffende Geschichten* ([4]2012); *Achtung Denkfalle! Die erstaunlichsten Alltagsirrtümer und wie man sie durchschaut* (2011); *Christian Hesses Mathematisches Sammelsurium* (2012); *Was Einstein seinem Papagei erzählte. Die besten Witze aus der Wissenschaft* ([2]2013).

Christian Hesse

Wer falsch rechnet, den bestraft das Leben

Das kleine
Einmaleins der
Alltagsmathematik

Verlag C.H.Beck

Mit 73 Abbildungen

für Andrea,
für Hanna,
für Lennard

Originalausgabe
© Verlag C.H.Beck oHG, München 2014
Satz, Druck u. Bindung: Druckerei C.H.Beck, Nördlingen
Umschlaggestaltung: malsyteufel, Willich
Umschlagabbildung: © fotolia
Autorenfoto: © Ivo Kljuce
Printed in Germany
ISBN 978 3 406 64472 6

www.beck.de

Inhalt

Anhang

Vorwort: An und für alle

Vor Ihnen liegt ein Buch voller Optimismus. Zwar handelt es vom falschen Rechnen, vom trugschlüssigen Denken und von handfesten Fehlern im Umgang mit Zahlen. Doch es hat eine frohe Botschaft: dass diese Fehler nicht begangen werden müssen, sondern vermieden werden können. Wenn die Dinge mit den Zahlen falsch laufen, muss man ihnen nicht zwingend hinterherlaufen. Es ist möglich, gedanklich erst abzubremsen, dann sinnvoll abzuzweigen.

Zahlen lügen nicht, könnte man denken. Doch das stimmt nicht immer. Man kann aus Zahlen, Daten und Statistiken auf der Hand liegende Schlüsse ziehen und sich dennoch ins Unrecht setzen. «Lügen mit der Wahrheit» könnte man das nennen. Das Richtige und das Falsche können auch bei Zahlen und den Beziehungen, die sie untereinander pflegen, manchmal nicht leicht zu ermitteln sein.

Wir werden uns auf eine Reise an jene Grenze begeben, die das Richtige vom Falschen trennt. Dafür biete ich mich als Ihr Reiseleiter an. Unser Reiseziel hat es in sich: Diese Grenze verläuft nämlich quer durch die wichtigsten Krisengebiete des quantitativen Denkens. Nirgendwo sonst treten größere Spannungen auf als an der Demarkationslinie zwischen Richtig und Falsch. Das liegt auch daran, dass sie nicht überall schon klar gezogen ist.

Die Reise verspricht deshalb abenteuerlich, abwechslungsreich und aufwühlend zu werden – lehrreich ist sie allemal. Wir werden beide Seiten der Grenzlinie besuchen. Nur so sieht man, wo die Fehler sind und wie man sie nicht macht. Darauf kommt es letztlich an: Fehlervermeidung ist ein bedeutendes Accessoire gelungener Weltbewältigung. Oder umgekehrt: Wer falsch rechnet, den bestraft das Leben.

Das Leben, die Welt und ihre Zahlen bieten uns mehr als genug Möglichkeiten, falsch zu rechnen und Fehler zu begehen. Jede richtige Einsicht ist umringt von Halb- und Gegenwahrheiten, die man meiden muss. Es gibt ganze Bezirke, die zu betreten Verständnisrisiken birgt und Katastrophen des Denkens auslösen kann, bis hin zum intellektuellen Inferno. Doch mit den hier versammelten Requisiten zum Verlernen typischer Fehler werden Sie auf diesem Terrain abgeklärt navigieren können. Sie verfügen dann über erstklassig verbessertes Souveränitätszubehör. Ein Erfolgszuwachs bei Ihrer Alltagsbeherrschung wird sich damit auf Dauer nicht verhindern lassen. Sie werden genauere Einschätzungen vornehmen können und im Ergebnis die Welt besser verstehen. Letztlich werden Sie sogar bessere Entscheidungen treffen können. Und wer würde das nicht gern können wollen?

An allen Ecken und Enden haben wir es heutzutage mit Zahlen zu tun. In der modernen Welt gibt es mehr Zahlen, als es Wörter gibt. Big Data ist in aller Munde. Aber Daten muss man genauso deuten, um sie zu verstehen, wie man das bei Wörtern tun muss. Deshalb beschäftigen wir uns hauptsächlich mit Fehlern im quantitativen Bereich. Das sind solche, die sich auf Zahlen, Daten und Statistiken beziehen. Die hier auftauchenden Fehlerquellen sind wegen ihrer möglichen Konsequenzen oft besonders gefährlich, lassen sich aber umgehen. Manchmal sind diese Umgehungen sehr geistreich. Dann macht es besonderen Spaß: Sie werden erleben, dass und wie Geistreiches begeistert. Es hat Erlebniswert.

Viele Fehlerquellen tauchen plötzlich auf; überraschend sprudeln sie hervor. Andere sind unscheinbar oder raffiniert verborgen: Begegnet man ihnen in freier Wildbahn, ahnt man meist nicht, dass von ihnen quantitative Großgefahren ausgehen. Das macht sie so virulent. Und außerdem: Fehler altern nicht. Einige werden wieder und wieder begangen, selbst nach langem Nachdenken, bei großer Vorsicht und mit viel Vorbildung. Jeder von uns hat da schon seine Erfahrungen gesammelt. Es wird Zeit, daraus zu lernen.

Manche Fehler sind schlicht langweilig. Das sind Fehler, über die ich nur zähflüssige Sätze schreiben könnte. Deshalb schlendern wir an diesen Fehlern wortlos vorbei. Andere dagegen sind faszinierend. Ihnen wollen wir uns nicht nur bis auf Sichtweite nähern. Irgendwann sind wir mittendrin statt nur dabei.

Hätten Sie zum Beispiel gedacht, dass sich Ihre Situation verschlechtern kann, wenn Sie eine zusätzliche Handlungsmöglichkeit eingeräumt bekommen?

Doch!

Sind Sie erstaunt?

Mit Recht!

Das ist nur eines von vielen Paradoxa mit Relevanz für das tägliche Leben, denen wir begegnen werden.

Das Falsche kann auch unter vielen Schichten scheinbarer Offensichtlichkeiten schlummern. Dann müssen wir tief genug schürfen, um es herauszuarbeiten. Dennoch verspreche ich Ihnen, das zutage Geförderte auf leichte Weise zu vermitteln. Das ist überhaupt mein Grundmotiv bei der Fehlervermeidungsakrobatik: Sie sollen dazu kein mathematisches Stehvermögen benötigen, vielmehr bleiben wir im intellektuellen Casual-Bereich. Ein gesunder Menschenverstand wird ausreichen. Allgemeinverständlichkeit ist angestrebt. Damit Sie am Ende denken, dass Denken eigentlich leichter ist, als man denkt.

Santa Barbara, Mannheim   Ihr Christian Hesse
und anderswo, 2013 im März und ff.

1. Warum Durchschnitt nicht gleich Durchschnitt ist

Arithmetische und andere Mittel

Die Welt ist gespickt mit Daten. Und es werden zunehmend mehr. Ständig begegnen wir Datensätzen. Man könnte auch sagen, wir werden damit konfrontiert. Manchmal enthalten sie nur wenige Werte, manchmal sind es wesentlich mehr: Sportergebnisse, Laborwerte, Aktienkurse, Kontobewegungen sind nur einige Beispiele. Internationale Finanzströme, digitale Telekommunikation, Energiegewinnung und Massentransport werden von wahren Zahlen-Tsunamis begleitet, ermöglicht, gesteuert oder koordiniert.

Man hat mehr vom Leben, wenn man mit Daten kompetent umgehen kann, sich also auf das Deuten von Daten versteht. Das ist unser Langfristziel in diesem Buch. Datendumpfheit ist immer dumm, manchmal sogar prekär, und sie lässt sich nicht als Bonus reklamieren. Es gibt aber Menschen – und es sind nicht wenige –, die genau das versuchen: Sie kokettieren damit, dass sie generell von Mathe keine Ahnung haben. Das ist ein ziemlich deutsches Phänomen und findet sich so in anderen Ländern nicht. Wenn Mathematikahnungslosigkeitskoketterie und ihre Derivate keine anderen Auswirkungen hätten, als dass sich auf einer Party wieder einmal ein Zahlenprolet outet, so wäre es mir egal. Doch wird damit ein für die moderne Welt zentraler Kompetenzbereich implizit entwertet. Denn meistens kommt ja noch der Satz: «Und trotzdem ist etwas aus mir geworden.» Sowie als Steigerung: «Gerade deshalb.»

Aber lassen wir das.

Und kehren zu den Daten zurück.

Die Erfindung des Durchschnitts

Wo Daten sind, insbesondere wo viele Daten sind, ist auch meist ein Mittelwert nicht weit. Mittelwerte werden im Datendschungel gerne als Repräsentant für viele Zahlenwerte genommen, die allein schon wegen ihrer Fülle schwer verdaulich sind. Mittelwerte machen unüberschaubare Datenmengen verständlich. Da das nötig ist, begegnet man ihnen auf Schritt und Tritt.

Rauchertage sind 22 Minuten kürzer

Der Durchschnittsmensch raucht im Mittel zwei Zigaretten am Tag und verkürzt sein Leben im Schnitt um elf Minuten pro Zigarette.

Es gibt das Durchschnittsalter, das Durchschnittseinkommen, den Durchschnittsbenzinverbrauch, ... den Durchschnittsmenschen.

Man kann davon ausgehen, dass alles schon einmal gemittelt worden ist, irgendwann von irgendjemandem, irgendwarumauchimmer. Oder können Sie mir eine Größe nennen, von der Sie annehmen, dass sie noch jungfräulich ungemittelt ist?

DIN-Schiss

Der deutsche *Normschiss* ist ein nach DIN standardisierter Dummy, der ein menschliches Exkrement simulieren soll. Er hat ein Gewicht von 1450 g und wird in verschiedenen Gebieten der Forschung eingesetzt. Auch muss er von in Deutschland fabrizierten Toiletten bewältigt werden, wenn diese ein Gütesiegel erwerben wollen.

Die Operation des Mittelns liegt in gewisser Weise auf der Hand: Mittelwerte machen aus vielem eines. Statt mit allem muss man sich nur mit dem Repräsentanten von allem auseinandersetzen. Das vereinfacht. Mittelwerte sind mithin ein Accessoire der Komplexitätsreduktion, und diese muss jeder Mensch angesichts einer überkomplexen Wirklichkeit ständig leisten.

Stellen Sie sich bitte einmal den Datenpool von 20 Milliarden Internetseiten vor. Und Sie interessieren sich für eine bestimmte Eigenschaft, etwa wann die Seiten zuletzt überarbeitet worden sind.

Bei einigen Seiten war das erst vor einigen Minuten, bei anderen Seiten vor einigen Jahren. Sie haben es dann mit 20 Milliarden einzelnen Zahlen zu tun. Es ist hoffnungslos, für diese Zahlen ein Gefühl zu bekommen. Wie wunderbar verständlich ist dagegen die Information, dass die Durchschnittsinternetseite etwa 58 Tage alt ist, also zuletzt vor knapp zwei Monaten aktualisiert wurde. Damit kann man etwas anfangen.

Stellen Sie sich im Gegensatz dazu eine Welt völlig ohne Mittelwerte vor. Ohne Durchschnitts-dies-und-das. Eine Welt, in der es weder Lieschen Müller gibt noch ihre Kolleginnen in anderen Ländern, die dort dieselbe Vorstellung ausdrücken, also: Madame Michu (Frankreich), Anna Nováková (Tschechische Republik), Maija Meikäläinen (Finnland), Jóska Pista (Ungarn), Jóna Jónsdóttir (Island), Baba Bomboy (Nigeria) oder Svenne Svensson (Schweden). Aber das ist nicht alles. Es gibt auch keinen Durchschnittsverdiener, kein mittleres Lebensalter, keine Konfektionsgröße M usw.

Sie sollen sich bitte die Kulturtechnik des Mittelns als noch nicht entdeckt denken. Alle Mittelwerte dieser Welt müssen Sie gedanklich entfernen. Wir alle bleiben dann nur ungemittelte Individuen, und alle Daten sind unaufbereitete Individualdaten.

Kaum vorstellbar, wie unübersichtlich und schwer verständlich alles sein würde. Es wäre noch irrsinnig viel schwerer, in einer solchen Welt komplikationslos zu navigieren, als es in einer durch Durchschnitte aufbereiteten Welt ohnehin schon ist.

Eine solche Welt gab es einmal. Und zwar vor nicht einmal zweihundert Jahren. Es gab sie, bevor der belgische Mathematiker, Astronom und Soziologe Lambert Adolphe Jacques Quetelet (1796–1874) im Jahr 1831 den Durchschnitt erfand.

Ja, auch etwas so Lapidares wie der Durchschnitt musste eigens erfunden werden. Und diese Erfindung hat einen grandiosen Siegeszug in alle Bereiche aller Kulturen angetreten.

Quetelet hatte, genauer gesagt, den *homme moyen* erfunden, den *Durchschnittsmenschen*. Er hatte vom einzelnen Menschen, seiner Individualität, seiner Besonderheit, von allem, was nicht allen, sondern nur Einzelnen zukommt, abstrahiert. Der Durchschnittsmensch ist eine soziologische Abstraktion. In der Mathematik gab es verschiedene Arten des Mittelns schon viel früher.

Quetelet betrachtete seinen Durchschnittsmenschen in Bezug zur Gesellschaft aller Menschen als dasselbe, was der Schwerpunkt in Bezug auf ein System von Objekten ist: das Zentrum, um das herum alle Elemente variieren.

Der Durchschnittsmensch ist insofern eine Erfindung und keine Entdeckung, da er in der Regel als konkreter Mensch gar nicht existiert. Der Durchschnittsmensch ist ein gedankliches Erzeugnis. Es wurde durch rechnerische Bearbeitung aller Merkmalsträger auf dem Reißbrett ganz frankensteinisch erzeugt und in die Welt entlassen mit dem Auftrag, alle Merkmalsträger gleichermaßen zu repräsentieren. Es ist eine Art hypothetischer Mensch, verglichen mit dem alle realen Menschen nur Variationen sind.

In der modernen kriminologischen Rasterfahndung wird zum Beispiel auf ganz ähnliche Weise der *terrorist moyen* künstlich erstellt. Einmal im Computerlabor errechnet, wird dann nach ihm in der Realität gesucht: Denn es ist nicht nur die Aufgabe der Sicherheitsdienste, Verbrechen aufzuklären, sondern auch und vorzugsweise, Verbrechen zu verhindern.

Der Durchschnitt war eine monumentale Erfindung. Der Durchschnittsmensch ebenso. Man sagt selbst dann nicht zu viel, wenn man ihn als eine der wichtigsten, jedenfalls aber als die meistunterschätzte Erfindung der gesamten Wissenschaftsgeschichte bezeichnet.

Als Repräsentant eines Datensatzes liefert das Mittel im Allgemeinen mehr Informationen über den Datensatz als andere Zahlen. Dieses Mittel nennen wir auch das Arithmetische Mittel: die Summe aller Zahlen geteilt durch deren Anzahl.

Das Arithmetische Mittel hat eine wichtige mathematische Eigenschaft. Es ist so nah wie möglich an allen Zahlen des Datensatzes und wird in dieser seiner Eigenschaft der gesamtheitlichen Nähe von keiner anderen Zahl übertroffen. Natürlich liegt das Mittel näher an einigen Datenwerten der Stichprobe und ist weiter entfernt von anderen. Doch wenn man alle Abstände aufaddiert, ist die Summe der Abstände für das Mittel so klein wie für keine andere Zahl. Dabei wird der Abstand zwischen Zahlenwerten quadratisch gemessen, d. h., die tatsächliche Differenz wird quadriert. In diesem Sinne ist es unter allen möglichen Konkurrenten, die den gesamten Datensatz repräsentieren möchten, optimal. Somit ist das Arithmetische Mittel ein wirklicher Allrounder. Oder politisch gesprochen: der ultimative Kompromisskandidat.

Der Quetelet'sche Durchschnittsmensch ist deshalb eine so nützliche Konstruktion, weil fast alle Menschen in Bezug auf fast alle Merkmale nicht allzu weit vom Durchschnittsmenschen entfernt liegen. Oder jedenfalls: Mehr Menschen liegen mit ihren Eigenschaften in der Nähe des Durchschnittsmenschen als weit von ihm entfernt.

Man kann das mit einem kleinen Experiment veranschaulichen. Betrachten Sie doch bitte einmal die folgenden beiden Figuren.

Abbildung 1:
Vier große Elemente links und
vier kleine Elemente rechts

Die eine Figur ist groß, die andere ist klein. Beide bestehen aus vier Teilen. Die große Figur ist deshalb so groß, weil bei ihr alle vier Körperregionen – Beine, Unterleib, Oberkörper, Kopf – groß geraten sind. Entsprechend sind bei der kleinen Figur alle vier Teile klein. Die beiden Figuren stellen Extreme bei der Kombination von vier Einzelteilen dar.

Alle Teile sind beliebig kombinierbar. Mittelgroße Figuren erhalten wir dann, wenn jeweils zwei kleine Teile und zwei große Teile miteinander kombiniert werden. Es gibt viel mehr Möglichkeiten, mittelgroße als extreme Figuren zu kreieren. Beide Extreme können jeweils nur auf eine einzige Art entstehen, nämlich wenn alle vier Bauelemente groß oder alle vier klein sind. Mittelgroße Figuren, die sich aus je zwei kleinen und zwei großen Elementen zusammensetzen, können auf sechs verschiedene Arten entstehen.

Und dieser Trend setzt sich mit der Anzahl der Teile fort, die eine Figur bilden. Bei zehn Teilen gibt es schon 252 Möglichkeiten, und bei 100-teiligen Figuren sind es mit rund 10^{30} astronomisch viele Möglichkeiten, mittelgroß zu sein. Das kommt der menschlichen Realität schon sehr nahe, wenn man sich vorstellt, dass die Körperhöhe beim ausgewachsenen Menschen das Ergebnis von sehr vielen einzelnen Wachstumsschüben ist, von denen jeder einzelne klein oder groß sein kann. Treten beide, klein und groß, mit gleichen Chancen auf, so wird es im Verlauf des Wachstums im Schnitt genauso viele große wie kleine Schübe geben, was zu durchschnittlicher Körperhöhe führt.

Bei 100 Bauteilen gibt es ferner 10^{29} Möglichkeiten, Figuren zu erstellen, bei denen die Zahl großer und kleiner Schübe minimal, also nur um 2, voneinander abweicht, bis hinunter zu wiederum nur einer einzigen Möglichkeit für die beiden Extremgrößen.

Wenn der Unterschied zwischen großen und kleinen Teilen gleich groß ist, dann sind alle genau mittelgroßen Figuren gleich groß. Sie sind es aber auf ganz verschiedene Arten. Es passen ihnen nicht dieselben Kleidungsstücke mittlerer Größe. In der Tat kann bei zwei Durchschnittsmenschen jeder einzelne Wachstumsschub anders verlaufen sein. War er groß bei dem Einen, kann er bei dem Anderen klein gewesen sein, und umgekehrt. 100 jeweils verschiedene Wachstumsschübe führen zusammengenommen dann zu demselben Endergebnis.

Andererseits unterscheiden sich alle Durchschnittsfiguren nur in 50 Wachstumsschüben von den beiden Extremfiguren. In diesem Sinne kann sich Durchschnittlichkeit von anderer Durchschnittlichkeit stärker unterscheiden als vom Extremen.[1]

Eine nützliche Analogie zum Verständnis dieser Überlegungen ist der sprudelnde Brunnen der Abbildung 2. Jedes Wassermolekül kann die überlaufende Schale nach rechts oder links verlassen. Das entspricht den kleinen und großen Wachstumsschüben. Bei vier Ebenen mit überlaufenden Schalen ist die Anzahl der Wassermoleküle, die zweimal nach links und zweimal nach rechts heruntergeflossen sind, am größten. Deshalb enthält von den Auffangbehältern der mittlere am meisten Wasser. Schrittweise nimmt die Füllhöhe dann zu beiden Seiten hin ab, bis hin zu den äußeren Behältern mit den geringsten Pegelständen.

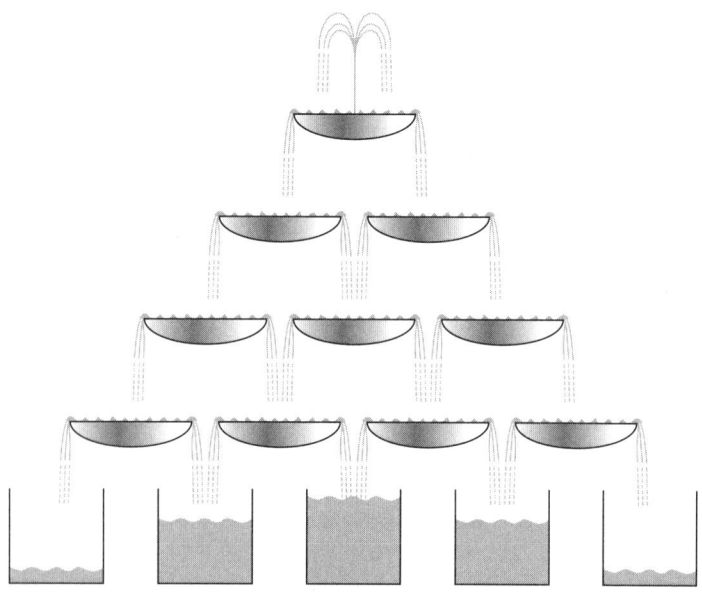

Abbildung 2: Brunnen mit überlaufenden Schalen

Schönheit

Mittelwerte spielen überall im Alltag eine Rolle. Es spricht sogar einiges dafür, dass uns Durchschnittlichkeit besonders anspricht. In der Attraktivitätsforschung ist seit längerem bekannt, dass Durchschnittsgesichter von den meisten Menschen als am attraktivsten eingeschätzt werden. Das hört sich überraschend an, denkt man doch bei großer Attraktivität an etwas Extremes, das sich vom Durchschnitt weit abhebt. Ich möchte Ihnen kurz zeigen, in welchem Sinn Attraktivität dennoch mit Durchschnittlichkeit zu tun hat. Dazu gibt es ausgefeilte Studien, die genau das belegen.

Bei diesen Studien wurde aus einer größeren Zahl von Gesichtern mit computerbasierten grafischen Verfahren ein Durchschnittsgesicht erzeugt. Sie beginnen damit, dass im menschlichen Gesicht viele Dutzend Rasterpunkte festgelegt werden, etwa der Punkt genau zwischen den Augen oder der Mittelpunkt des Kinns. Dann werden alle Gesichter standardisiert digitalisiert, und für jedes einzelne werden die Koordinaten der Rasterpunkte bestimmt, die der Computer anschließend nur noch zu mitteln braucht. Ähnlich geht man bei den Farbtönen der Haut vor.

Ein Beispiel sehen Sie im Folgenden. Das erste Gesicht links wird mit dem zweiten Gesicht gemittelt, und es ergibt sich das dritte Gesicht rechts.

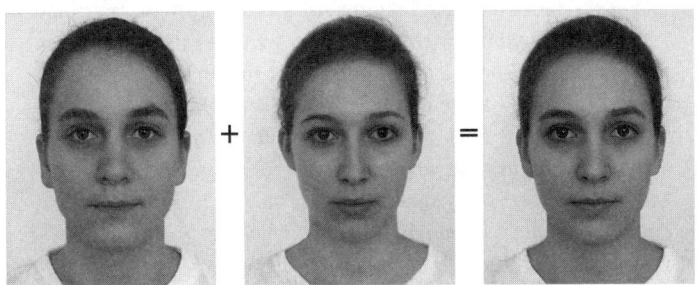

Abbildung 3: Addition von Gesichtern

Interessant an dieser Operation der Mittelbildung von Gesichtern ist, dass die entstehenden Durchschnittsgesichter mehrheitlich als weitaus attraktiver eingeschätzt werden als selbst das attraktivste unter den einzelnen Gesichtern, aus denen der Mittelwert errechnet worden ist.

Evolutionär ist das durchaus plausibel. Es ist entwicklungsgeschichtlich sinnvoll, dass man sich zu physischer Durchschnittlichkeit hingezogen fühlt und nicht etwa – von Ausnahmen abgesehen – zu den extremeren Erscheinungsformen. Das liegt daran, dass die natürliche Selektion über die Generationenfolge dazu führt, günstigen Eigenschaften zum Durchbruch zu verhelfen. Günstige Eigenschaften nehmen also anteilig zu, während extreme Erscheinungsformen, die oftmals aufgrund von Mutationen zustande gekommen sind, anteilig abnehmen. Insofern sind alle Lebewesen, die sich sexuell fortpflanzen wollen, allein unter rein körperlichen Gesichtspunkten besser beraten, Partner aus dem großen Durchschnittsbereich der Merkmale zu wählen. Vorausschauend hat es die Natur deshalb so eingerichtet, dass uns Artgenossen mit dieser Merkmalsausstattung besonders anziehend erscheinen.

Die Mathematik der Schönheit

Stellen Sie sich bitte als Versuchsraum ein Zimmer vor, das bis auf einen länglichen Tisch und eine Vase völlig leer ist. Die Versuchspersonen betreten einzeln das Zimmer. Ihr Auftrag besteht einzig und allein darin, die Vase so auf den Tisch zu stellen, dass es möglichst schön aussieht. Dieses Experiment wurde tatsächlich durchgeführt. Die Ergebnisse sind interessant. Fast niemand stellte die Vase genau in die Mitte des Tisches. Das wäre zwar die symmetrische Lösung, aber auch ziemlich langweilig. Es befriedigt unseren ästhetischen Sinn nicht vollständig.

Die meisten Menschen stellen die Vase also nicht mittig auf, sondern rücken sie ein wenig nach irgendeiner Seite. Aber nicht viel. Es ist faszinierend, dass die Mehrzahl der Versuchspersonen die Vase unbewusst so weit zu irgendeiner Seite rückt, dass der Tisch im   →

Verhältnis einer der berühmtesten Zahlen in der Mathematik geteilt wird. Es ist die Zahl, die als *Goldener Schnitt* bezeichnet wird. Sie ist ungefähr gleich 0,618 ….

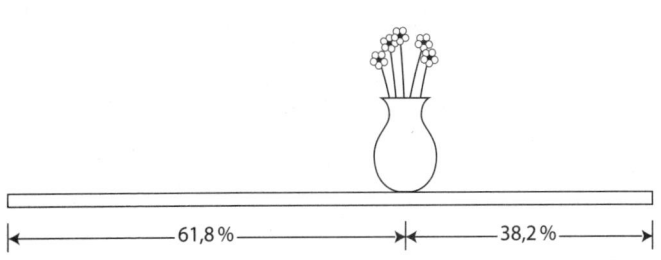

|←————— 61,8% —————→|←——— 38,2% ———→|

Abbildung 4: Tischplatte mit Vase

Der Goldene Schnitt ergibt sich immer dann, wenn man eine Strecke derart in zwei Teile unterteilt, dass sich der größere Teil zur gesamten Strecke so verhält wie die kürzere Strecke zur längeren. Schon die alten Griechen kannten den Goldenen Schnitt und sein Verhältnis zur Ästhetik und verwendeten ihn bei der Proportionierung vieler antiker Bauwerke, zum Beispiel auch beim Parthenon-Tempel der Akropolis in Athen.

Konfektionsgrößen

Ein anderes Thema, bei dem Durchschnitte eine große Rolle spielen, sind die Konfektionsgrößen. Menschen sind in ihren Körpermaßen sehr verschieden. Die Bekleidungsindustrie bemüht sich, dieser starken Variabilität der Individuen eine überschaubare Zahl von nur wenigen Konfektionsgrößen so gegenüberzustellen, dass ein möglichst großer Anteil der Bevölkerung annähernd gut passende Kleidung finden kann.

Um das zu gewährleisten, wurden im Rahmen des Großprojekts «Size Germany» mehr als 13 Tausend Personen in neun Altersgruppen in Bezug auf acht Primärmaße (Körperhöhe, Brustumfang, Unterbrustumfang, Taillenumfang, Hüftumfang, Taillenhöhe, Seitenlänge, Beininnenlänge) und 35 Sekundärmaße neu vermessen. Zudem wurde jeder Körper an 400 Tausend Messpunkten abgetastet. Auf der Grundlage dieser enormen Datenbasis wurden die Konfektionsgrößen für Frauen nach drei Figurtypen (schmalhüftig, normalhüftig, starkhüftig) und drei Körperhöhenreihen (Kurzgröße, Normalgröße, Langgröße) mit Abstufungen in jeder der neun Kombinationen so angepasst, dass die Normalgrößen die größten Marktanteile abdecken.

Die Konfektionsgröße richtet sich nach wie vor nach dem Brustumfang gemäß der einfachen Formel:

Konfektionsgröße gleich halber Brustumfang minus 6

Eine Frau mit einem Brustumfang von 84 Zentimetern hat damit Größe 36.

Abbildung 5:
Körperhöhe, Brustumfang, Taillenumfang, Hüftumfang errechnet aus der «SizeGermany»-Studie von 2007/08; in Schwarz jeweils die Änderungen gegenüber der letzten vorhergehenden Studie aus dem Jahr 1994

Abbildung 5 zeigt die Maße von Deutschlands Durchschnittsfrau, wie sie aus den Daten der «SizeGermany»-Reihenmessung errechnet werden.

Die deutsche Durchschnittsfrau ist mithin um einiges von den mythischen Modelmaßen 90-60-90 entfernt. Und das ist gut so, repräsentieren diese grotesken Zahlenwerte nach Ansicht amerikanischer Ernährungsexperten doch die Körpermaße von Magersüchtigen.

Eine international und historisch vergleichende Studie zur Attraktivität hat sogar gezeigt, dass das in der westlichen Welt seit Beginn des 20. Jahrhunderts grassierende Schlankheitsideal sowohl im geschichtlichen als auch im kulturellen Vergleich in der Minderheit ist. Die Forscher fanden, dass in rund der Hälfte der weltweit untersuchten 62 Kulturen dicke Frauen am meisten dem Schönheitsideal des Durchschnittsmannes entsprechen; in etwa einem Drittel der Kulturen gelten Frauen mittlerer Gewichtsklassen als höchst attraktiv, und nur in einem Fünftel der Kulturen werden schlanke Frauen von Männern bevorzugt.

Und was ist mit Barbie?

Ja, was hat es mit dieser Ikone der Spielzeugwelt auf sich, die in Deutschland einen Bekanntheitsgrad von 100 Prozent erreicht hat und sich im Schnitt siebenmal in jedem Mädchenzimmer findet? Über sie ist leider Trauriges zu vermelden: Mediziner haben festgestellt, dass sie mit ihren klassischen Maßen von 99–46–84 als Mensch nicht lebensfähig wäre, da ihr Unterleib nicht allen lebenswichtigen Organen Platz bieten würde.

Was zu denken gibt:

60 Prozent der Models sind dünner als 98 Prozent der Frauen.

Klima

Als drittes Beispiel für Mittelwertbildung sei hier noch das Klima genannt. Klima hat natürlich mit Wetter zu tun. Nach einer möglichen Definition ist *Wetter* der Augenblickszustand der Atmosphäre an einem Ort. Wetter ist also etwas an einem bestimmten Ort zu einer bestimmten Zeit. Es ist örtlichen und zeitlichen Veränderungen unterworfen. Das Wort *Klima* bezeichnet dagegen den typischen Verlauf des Wetters an einem Ort. Und den typischen Ablauf bestimmt man natürlich durch Mittelwertbildung über einen längeren Zeitraum. Klimadaten entstehen aus Wetterdaten durch Mittelwertbildung.

Der Temperaturverlauf des Klimas auf der Ostseeinsel Hiddensee lässt sich dem folgenden Diagramm entnehmen, das sich auf Wetterdaten über 30 Jahre stützt. Laut der Grafik kann man dort zum Beispiel im August mit 17 Grad Lufttemperatur rechnen. Die

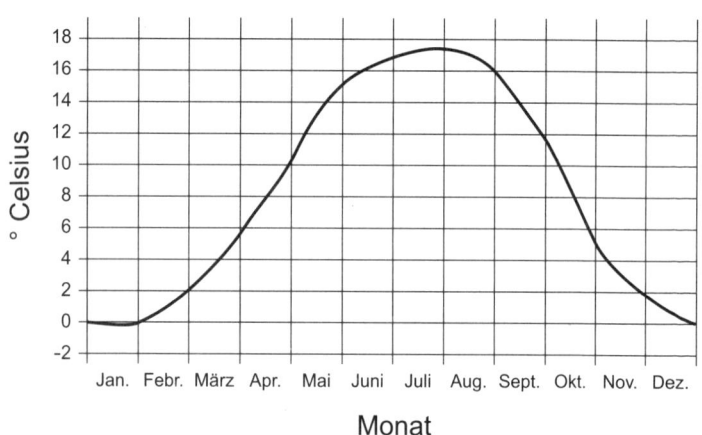

Gemittelte Lufttemperatur, Hiddensee

Abbildung 6: Kurve mittlerer Lufttemperatur in Hiddensee

Tagesmittel werden übrigens als Mittelwerte der Temperaturen zu den drei Zeitpunkten 7:30, 14:30 und 21:30 Uhr Ortszeit berechnet. Diese werden dann je Tag über 30 Jahre abermals gemittelt.

Wir haben gesehen, dass es eine einfache Technik gibt, um den Informationsgehalt einer unübersichtlichen Ansammlung von Zahlen in einer einzigen, leicht interpretierbaren Zahl zu erfassen. Das ist die Bildung des Mittelwerts. Wir alle sind seit frühen Schuljahren damit vertraut. Um einen ersten Eindruck von einem Datensatz zu gewinnen: Was könnte einleuchtender sein, als aus seinen vielen Zahlen auf die gebräuchliche Weise den Mittelwert zu berechnen?

Mittelwertbildung ist Extremkompression von Information. Sie verdichtet die im gesamten Datensatz steckende Fülle von Information auf lediglich einen Zahlenwert. Dieser Zahlenwert ist insofern ein Stellvertreter für alle. Die so erreichte Vereinfachung ist aus vielen Gründen wünschenswert. Zum Beispiel ist sie dann nützlich, wenn es darum geht, die in diversen Datensätzen steckenden Informationen zu vergleichen.

Der als Stellvertreter für alle Daten gewählte Wert soll möglichst für diese typisch oder repräsentativ sein. Ob er das ist, hängt nicht nur davon ab, was man mit der Information in den Daten machen will. Der Stellvertreter kann beispielsweise die Lage der Daten auf einer Achse verdeutlichen – mithin als Zentrum fungieren, um das die Daten streuen.

Kleines Portrait deutschen Durchschnitts

Die Deutschen haben im Durchschnitt einen Eierstock und einen Hoden. Wenn sie zwei Eierstöcke haben, werden sie im Mittel 82 Jahre und 4 Monate alt, mit zwei Hoden dagegen nur 77 Jahre und drei Monate. Sie leben in größeren und kleineren Haushalten zusammen, mit Nettohaushaltseinkommen von 2700 Euro pro Monat. Drei Viertel des Gesamtvermögens sind in der Hand des reichsten Zehntels der Bevölkerung. Die Deutschen fahren fünf Tage im Jahr in Urlaub, die meisten nach Spanien. →

Sie gehen abends um 23:04 zu Bett, schlafen nach 12 Minuten ein und wachen nach 7-Stunden-und-2-minütigem Schlaf um 6:18 auf. Der Durchschnittsdeutsche ist 41 Jahre alt und heißt Michael oder Thomas oder Sabine oder Petra, denn das waren die häufigsten Vornamen in den 1970er Jahren.

> ### Schwarzrotgoldiges zum D-pressiv werden
>
> In Deutschland hat ein Asylbewerber einen gesetzlichen Anspruch auf 6 Quadratmeter Wohnraum. Einem Deutschen Schäferhund dagegen stehen nach Tierschutzhundeverordnung mindestens 8 Quadratmeter zu.

Die voranstehenden Gedankenknüpfungen scheinen nicht sehr tiefschürfend zu sein, und Sie werden sich vielleicht sogar schon gefragt haben, wie man ein recht ausgedehntes Kapitel allein der Mittelwertbildung widmen kann. Lässt sich über den Durchschnitt denn so viel sagen?

Sie werden sehen, dass das geht.

Und dass man sogar Spaß dabei haben kann.

Der Grund dafür ist, dass es selbst bei lapidarer Mittelwertbildung viele Feinheiten zu beachten gilt. Ich bin allerdings nicht sicher, ob Sie mir das an dieser Stelle abnehmen. Aber schon im nächsten Beispiel werden wir einige dieser Feinheiten gemeinsam ausloten.

Man liegt sogar dann nicht falsch, wenn man die richtige Bildung von Mittelwerten als eine kleine Kunstform bezeichnet. Und ich wage sogar zu sagen, dass Sie nach Lektüre dieses Kapitels nie wieder so über Mittelwerte denken werden wie vorher. Fangen wir also gleich an, Ihr Denken zu verändern.

Wir lassen dazu die Mathematik mit ihren Möglichkeiten für sich sprechen. Und zwar so:

Noten im Durchschnitt

Eines von vielen Alltagsbeispielen, bei dem die Bildung von Mittelwerten eine Rolle spielt, ist die Leistungsbewertung in der Schule.

Angenommen, im Fach Mathematik setzen sich die Zeugnisnoten der Schüler einer Klasse zu gleichen Teilen aus der mittleren Note von vier Klassenarbeiten und der mittleren Note von fünf mündlichen Prüfungen zusammen. Hat zum Beispiel ein Schüler bei den Klassenarbeiten die Noten

Gut, Ausreichend, Ausreichend, Mangelhaft

geschrieben, so hat er im Schriftlichen eine Durchschnittsnote von

$$\frac{2 + 4 + 4 + 5}{4} = \frac{15}{4} = 3{,}75$$

erreicht. In seinen mündlichen Prüfungen habe er die Bewertungen

Sehr gut, Gut, Sehr gut, Sehr gut, Gut

erhalten, was im Mündlichen auf ein Mittel von

$$\frac{1 + 2 + 1 + 1 + 2}{5} = \frac{7}{5} = 1{,}4$$

führt. Der Lehrer erachtet Schriftliches und Mündliches als gleich wichtig: Die Gesamtnote des Schülers errechnet er mit gleicher Gewichtung der schriftlichen und mündlichen Leistungen, also durch abermalige simple Mittelwertberechnung aus den schriftlichen und mündlichen Durchschnitten: Die kleine Kalkulation

$$\frac{3{,}75 + 1{,}4}{2} = 2{,}575$$

führt nach Rundung auf die Gesamtnote 3. Das ist *Befriedigend*.

Um es noch eine Spur genauer auszudrücken: Bei den Mittelwerten wurde das sogenannte *Arithmetische Mittel* der Einzelnoten gebildet. Es wird errechnet durch das gebräuchliche Verfahren der Aufsummierung aller Zahlen und anschließendes Teilen durch deren Anzahl:

Arithmetisches Mittel gleich Summe durch Anzahl

lautet der Merkspruch.

Das ist alles nicht weiter neu für Sie. So oder so ähnlich kommt es bei vielen Schülern in vielen Klassenzimmern dieser Welt immer wieder vor.

Wer aber hätte gedacht, dass diese so weit verbreitete Methode die Möglichkeit einer ganz handfesten Paradoxie bietet?

Diese Paradoxie lässt Notenberechnung durch Durchschnittsbildung recht fragwürdig erscheinen. Sie werden jetzt erleben, warum.

Um den Sachverhalt aufzuzeigen, wollen wir uns einmal in die Situation eines Schülers vor der letzten mündlichen Prüfung hineinversetzen. Der Schüler habe sich die obigen Noten bis auf die letzte mündliche Note 2 bereits erarbeitet. Das Mittel seiner bisherigen mündlichen Leistungen ist zu diesem Zeitpunkt genau

$$\frac{1+2+1+1}{4} = 1,25.$$

Mit den schriftlichen Leistungen mittelt sich dies jetzt aus zur Zahl

$$\frac{3,75+1,25}{2} = 2,5.$$

Damit steht der Schüler vor der letzten mündlichen Prüfung genau zwischen den Noten *Gut* und *Befriedigend*.

Unseren Schüler motiviert das. Er möchte als Gesamtnote gerne eine 2 im Zeugnis stehen sehen. Also legt er sich mächtig ins Zeug, bereitet sich sorgfältig vor, und ihm gelingt tatsächlich eine 2 in der letzten mündlichen Prüfung.

Wunderbar! Das hebt seine Stimmung beachtlich. Er geht wie selbstverständlich davon aus, dass diese überdurchschnittliche Note seinen Durchschnitt, der ja auf der Kippe stand, verbessern wird. Mit Rundung sollte als Gesamtnote dann eine 2 herausspringen.

Dies zu meinen ist nicht nur naheliegend, sondern scheint geradewegs zwingend. Alles andere wäre krass.

Aber die Welt kann krass sein.

Und in diesem Fall ist sie es:

Umso überraschter ist unser Schüler nämlich, als er zur Bestätigung dieser Überlegung seinen neuen Durchschnitt berechnet. Er muss feststellen, dass die gute Note 2 der letzten mündlichen Prüfung seltsamerweise zu einer Verschlechterung seines Durchschnitts von 2,5 auf 2,575 führt. Er vermutet zunächst einen Rechenfehler und rechnet nach. Doch das Ergebnis ist richtig. Auf dem Zeugnis wird nur eine 3 stehen. Trotz seiner überdurchschnittlichen Note.

Ehrlich gesagt, versteht er die Welt nicht mehr.

Verstehen Sie sie?

Das Beispiel hat einen großen Lehrwert. Denn es wirft einen Schatten auf eine gebräuchliche Art der Notengebung.

Gleiches vergleichen

Tom und Jerry wollen ihre Noten in den ersten beiden Semestern an der Universität vergleichen. Die Tabelle zeigt uns ihre Durchschnittsnoten: →

	Durchschnittsnote	
	Tom	Jerry
Semester		
Wintersemester	4,0	3,3
Sommersemester	2,0	1,7

Nach dieser Aufstellung ist wohl klar: Im Wintersemester wie auch im Sommersemester hat Jerry die bessere Durchschnittsnote erzielt. Jerry war also beide Male besser, denkt nicht nur Jerry.

Aber kann man das aus der Tabelle mit Sicherheit schließen? Das fragt der Advocatus Diaboli in mir.

Ich höre, wie Sie «Eigentlich schon!» sagen. Und zwar mit Ausrufezeichen.

Ist das wirklich Ihre Meinung?

Dann versuche ich jetzt, diese zu erschüttern. Ich gebe Ihnen einige Zusatzinformationen, die mit den obigen Durchschnitten verträglich sind. Lassen Sie uns also in die Details gehen:

Im Wintersemester hat Tom nur eine Vorlesung (A) belegt und darin ein *Ausreichend* (4,0) erzielt. Jerry dagegen hat gleich fünf Vorlesungen (B, C, D, E, F) belegt und jeweils die Note *Befriedigend minus* (3,3) bekommen.

Im Sommersemester hat dann Tom mehr Zeit aufs Lernen verwendet und in jeder seiner fünf Vorlesungen (B, C, D, E, F) die Note *Gut* (2,0) erhalten. Und Jerry erhielt für die einzige absolvierte Vorlesung (A) ein *Gut plus* (1,7).

Tom und Jerry haben demnach, über beide Semester betrachtet, dieselben sechs Vorlesungen belegt. Gut für uns. Denn es macht ihre Gesamtleistungen direkt vergleichbar. Ihre Durchschnittsnoten aus diesen sechs Vorlesungen sind:

$$Durchschnitt\ Tom = \frac{4 + 2 + 2 + 2 + 2 + 2}{6} = \frac{14}{6} = 2,33$$

$$Durchschnitt\ Jerry = \frac{3,3 + 3,3 + 3,3 + 3,3 + 3,3 + 1,7}{6} = \frac{18,2}{6} = 3,03$$

→

Demnach ist nicht mehr Jerry, sondern eindeutig Tom der bessere Student. Sogar mit Abstand.

Was ist passiert? Welche der beiden konträren Schlussfolgerungen ist richtig, wer ist der bessere Student? Was geht hier eigentlich vor?

Die Antwort: Besser ist eindeutig Tom!

Denn der letzte Vergleich auf der Basis der einzelnen Vorlesungen ist zutreffend.

Tom hat für dieselben sechs Vorlesungen im Schnitt die besseren Noten erzielt. Die Einzeldaten aus beiden Semestern bringen hier die wahren Verhältnisse zum Ausdruck. Die semesterweisen Durchschnitte tun dies nicht.

Mittelwerte, besonders wenn sie auf der Basis unterschiedlich vieler Zahlen berechnet worden sind, können Sachverhalte verfälschen und zu fehlerhaften Schlüssen führen. Stellen Sie sich etwa vor, auf der Basis der Durchschnittsnoten würden Preise für den besten Studenten der ersten beiden Semester vergeben. Da kann leicht etwas schiefgehen.

Eine genaue Analyse zeigt, dass unser Notenparadoxon auftaucht, weil die durchschnittlichen Teilnoten im Schriftlichen und im Mündlichen ihrerseits zur Gesamtnote

Gesamtnote G = (Teilnote im Schriftlichen + Teilnote im Mündlichen)/2

gemittelt werden. Die Gesamtnote G würde sich bei einer weiteren, neu hinzukommenden mündlichen Note immer dann verschlechtern, wenn diese Note schlechter ist, also vom Zahlenwert her größer, als die mündliche Teilnote.

Paradox wird das Ganze, wenn die weitere Note irgendwo zwischen der mündlichen Teilnote und der bisherigen Gesamtnote liegt, also zwar schlechter ist als das bisherige mündliche Mittel, aber besser als die bisherige Gesamtnote. Dann rechnet der gesunde Menschenverstand eigentlich mit einer Verbesserung der

Gesamtnote. Doch es stellt sich überraschenderweise, aber mathematisch unvermeidbar eine Verschlechterung ein.

Umgekehrt ist Ähnliches möglich: Die Gesamtnote eines Schülers kann sich unter Umständen durch eine weitere, relativ zur bisherigen Gesamtnote schlechtere Einzelnote verbessern. Insofern kann sich das Notenparadoxon für einen Schüler sowohl positiv als auch negativ auswirken. Das zumindest ist tröstlich.

Das Paradoxon führt uns vor Augen, dass Arithmetische Mittelwertbildung unerwartete Konsequenzen haben kann. Das paradoxe Verhalten hat seine Ursache darin, dass mehrfach gemittelt wurde. Die schriftliche und mündliche Teilnote beruht jeweils auf einer unterschiedlichen Anzahl von Einzelnoten, vier schriftlichen und fünf mündlichen. Würde es sich in beiden Fällen um die gleiche Anzahl von Einzelnoten handeln, würde das Paradoxon nicht auftreten. Bei unterschiedlichen Notenanzahlen muss also paradoxievermeidend gegengesteuert werden. Wir zeigen später, wie das zu machen ist.

Halten wir als Merkregel aber zunächst fest:

Jede mehrfache Mittelwertbildung ist mit Vorsicht vorzunehmen.

Eierlichkeiten

In Nordamerika gibt es den sprichwörtlich gewordenen Ratschlag, nicht alle seine Eier in einen einzigen Korb zu legen. Dieses Alles-oder-nichts-Prinzip nimmt meistens kein gutes Ende.

Besser ist es, seine Schätze über verschiedene Orte zu streuen. Das ist das Diversifikationsprinzip.

Schauen wir uns einen glücklichen Besitzer von vier Eiern an, der diese zusammen in einem Versteck in der Speisekammer aufbewahrt. Und alternativ dazu die Variante, dass er sie in vier verschiedenen Verstecken platziert.

Das Risiko sei jeweils 25 Prozent oder 1/4, dass die Katze des Hauses ein Versteck findet. Findet die Katze ein Versteck, kann man alle →

---

dort aufbewahrten Eier getrost abschreiben. Die Katze wird sie verspeisen.

Unter beiden Alternativen ist die im Schnitt verbleibende Anzahl von Eiern gleich drei. Im Mittel besteht zwischen beiden Vorgehensweisen kein Unterschied. Doch die Alles-oder-nichts-Methode hat ein 25-prozentiges Risiko für einen Totalverlust aller Eier. Bei der Diversifikationsstrategie liegt das Risiko für solch einen unerfreulichen Fall bei nur $1/4 \cdot 1/4 \cdot 1/4 \cdot 1/4 = 0{,}004$ oder 0,4 Prozent. Bei der Alles-oder-nichts-Methode ist es 64-mal größer.

Ergebnis also: Der Mittelwert übrig bleibender Eier ist in beiden Fällen gleich, aber das Risiko für Totalverlust ist sehr verschieden.

Nehmen wir ein weiteres Beispiel, das uns den soeben gemachten Punkt abermals vor Augen führt: Bei Einschätzungen von variierenden Vorgängen kommt es nicht allein auf das Verhalten des Vorgangs im Mittel an.

Herr K hat sich von einem Profizocker zu einem Spielchen überreden lassen: Herr K wirft eine Münze, bis *Kopf* erscheint. Für jeden *Kopf*-Wurf zahlt ihm der Profi 5 Euro. Umgekehrt muss aber auch Herr K etwas bezahlen. Die Höhe des Betrages hängt davon ab, wann *Kopf* erscheint. Geschieht das schon beim ersten Wurf, zahlt Herr K 2 Euro an den Spieler. Falls *Kopf* erst beim zweiten Wurf kommt, zahlt er 4 Euro, beim dritten Wurf 8 Euro, und so geht es weiter: Bei längerer Wartezeit zahlt er immer jeweils das Doppelte des vorhergehenden Betrages. Kommt irgendwann *Kopf*, wird ausbezahlt, das Spiel endet und ein neues kann beginnen. Der Spieler sagt zu Herrn K:

«Ich zahle Ihnen für jeden *Kopf*-Wurf 5 Euro. Ich hoffe, Sie merken, dass dies sehr wohlwollend von mir ist. Denn im Mittel ist jeder zweite Ihrer Würfe *Kopf*, die Wartezeit beträgt also im Schnitt 2 Würfe, so dass Sie mir im Schnitt 4 Euro auszahlen müssen. Sie bekommen aber dafür jeweils 5 Euro von mir. Folglich können Sie langfristig damit rechnen, pro Spiel von mir 1 Euro zu gewinnen.»

In den Ohren von Herrn K klingt das alles sehr plausibel. Er lässt sich gerne auf eine Serie von hundert Spielen ein. Vorab erwartet er 100 Euro Gewinn. Doch die ganze abendfüllende Veranstaltung entwickelt sich schnell zu seinen Ungunsten. Am Ende steht er mit rund 700 Euro beim Spieler in der Kreide. Wie konnte das geschehen?

Letztlich ist es nicht weiter verwunderlich. Denn der Betrag, den Herr K zahlen muss, schaukelt sich mit länger werdender Wartezeit auf *Kopf* schnell hoch.

Im Überschlag gilt: Zwar gibt es bei hundert Spielen, die alle enden, wenn erstmals *Kopf* erscheint, natürlich hundert *Kopf*-Würfe und Herr K erhält den garantierten Festbetrag von 500 Euro vom Profispieler.

Bei hundert Spielen ist es aber ganz und gar nicht ungewöhnlich, auch mal sechs oder sieben Würfe auf *Kopf* warten zu müssen. Das wären dann schon jeweils 64 bzw. 128 Euro Einbuße für Herrn K in einem einzigen Spiel. Jede längere Serie von *Zahl*-Würfen hat eine große Wirkung auf das, was Herr K entrichten muss.

Es kommt hier also nicht nur auf den Mittelwert der Wartezeit, bis *Kopf* erscheint, an, sondern auch auf die Streuung um diesen Wert. Und die ist recht groß.

Arten des Mittelns

Versuchen wir als Nächstes, die Operation des Mittelns intuitiv besser zu verstehen. Das gelingt mit einer pädagogisch wertvollen Parallele aus der Physik:

Das Arithmetische Mittel einer Ansammlung von Zahlen lässt sich nämlich als der Schwerpunkt der beteiligten Zahlen auffassen. Dieser Deutung liegt die Vorstellung zugrunde, dass wir auf einem Balken, der mit einer Skala versehen ist, an den Stellen der einzelnen Zahlen des Datensatzes je ein gleich schweres Gewicht platzieren. So wird aus dem Datensatz in unserer Vorstellung ein Balken mit Gewichten genau an den Stellen der Zahlenwerte.

Um diesen gewichtsbestückten Balken waagrecht auszubalancieren, muss er aus physikalischen Gründen direkt auf seinem Schwerpunkt aufliegen. Dessen Lage ist im Diagramm durch einen Pfeil gekennzeichnet. Die Wirkung eines jeden Gewichts in Bezug auf ein Kippen des Balkens nach links bzw. rechts hängt davon ab und ist in der Tat dazu proportional, wie weit das Gewicht zur Linken oder zur Rechten des Schwerpunkts von diesem entfernt ist.

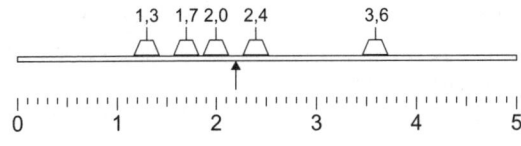

Arithmetisches Mittel 2,2

Abbildung 7: Arithmetischer Mittelwert als physikalischer Schwerpunkt (markiert mit einem Pfeil) einer Massenverteilung, welche die fünf Zahlen 1,3 1,7 2,0 2,4 3,6 darstellt.

Die positiven und die negativen Abstände der Zahlen vom Schwerpunkt gleichen sich genau zu null aus.

Die physikalische Interpretation des Mittels als Schwerpunkt einer Massenverteilung macht auch die große Hebelwirkung von nur wenigen sehr großen oder sehr kleinen Zahlenwerten sofort deutlich. Solche als *Ausreißer* bezeichneten Extremwerte üben einen sehr starken Einfluss auf die Lage des Schwerpunkts aus. Ihr Auftreten im Datensatz beeinträchtigt – bisweilen sogar erheblich – die Brauchbarkeit des Arithmetischen Mittels als global repräsentativer Wert für den gesamten Datensatz.

Wo liegt der Schwerpunkt von Deutschland?

Den Schwerpunkt Deutschlands erhält man, wenn man eine ausgeschnittene Fläche zwar beliebiger Größe, aber exakt von der Form der Bundesrepublik auf einer Nadel austariert. Dies kann man natürlich auch einen Computer sinngemäß, aber eben rechnerisch durchführen lassen. Es ergibt sich dann der Punkt in der Gemeinde Niederdorla in Thüringen mit den Koordinaten: 51° 8' N, 10° 25' O.

In Handarbeit lässt sich der Schwerpunkt auch folgendermaßen finden: Man nehme eine Karte Deutschlands, kopiere sie, klebe sie auf einen Karton und schneide sie aus. In der Nähe des Randes bohre man mit der Scherenspitze zwei kleine Löcher an verschiedenen Stellen in den Karton.

Dann hängt man, wie in Abbildung 8 zu sehen, die Karte an einem Loch auf. Wenn sie nicht mehr hin und her baumelt, sondern ruhig hängt, ist die Senkrechte unter dem Aufhängungspunkt eine Linie, auf der sich irgendwo der Schwerpunkt befindet. Diese Linie sollte man markieren.

Selbiges wird wiederholt, indem man die Karte am anderen Loch aufhängt und nochmals die Senkrechte markiert. Der Schwerpunkt Deutschlands befindet sich im Schnittpunkt beider Schwerelinien.

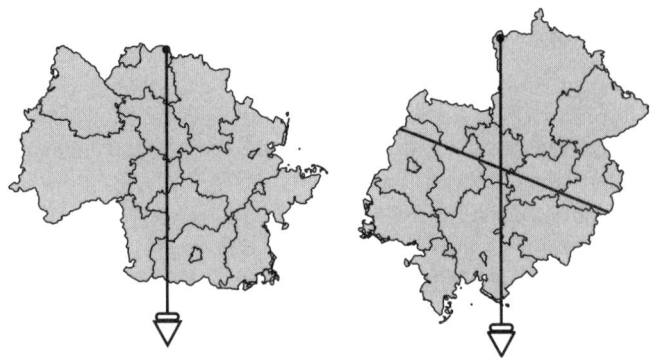

Abbildung 8: Ein kleines Experiment zur Bestimmung des Schwerpunkts von Deutschland

Die Eigenschaft des Mittels als *Massenschwerpunkt* ist nur eine Vorstellung, die sich mit dem Repräsentanten eines Datensatzes verbinden lässt. Eine andere Vorstellung kommt in der Forderung zum Ausdruck, dass der Repräsentant aller Zahlen so gewählt werden sollte, dass links und rechts von ihm jeweils 50 Prozent der Zahlenwerte liegen. Diese einfache Sichtweise führt auf den sogenannten *Median* als Stellvertreter aller Zahlen eines Zahlenkollektivs. Er halbiert das Kollektiv und ist in diesem Sinne der zentrale Wert, also der mittlere Mittelwert im buchstäblichen Sinn.

Den Median erhält man, indem man die Zahlen aufsteigend sortiert und die ganze Liste halbiert. Die mittlere Zahl fungiert als Median des Datensatzes. Enthält der Datensatz eine gerade Anzahl von Zahlen, dann liegen sogar zwei Zahlen in der Mitte und der Median ist als Durchschnitt dieser beiden mittleren Werte definiert.

Um ein Beispiel für die Berechnung und Interpretation des Medians zu geben, wollen wir uns eine kleine Ortschaft denken. Deren neun Haushalte haben jährliche Einkünfte in Tausend Euro aufzuweisen wie in dieser Liste angegeben:

$$23, 26, 31, 31, 36, 41, 49, 51, 54$$

Der Median dieser neun Zahlen, die mittlere Zahl in der aufsteigend sortierten Zahlenreihe, ist 36. Das Arithmetische Mittel liegt dagegen bei 38. Dies zeigt uns zunächst, dass Median und Mittel durchaus verschieden sein können. Beide Repräsentanten liegen in diesem Fall aber immerhin nahe beieinander.

Spielen wir noch ein bisschen mit diesen Zahlen, um ein Gefühl für Mittel und Median zu entwickeln.

Nehmen wir an, der bislang reichste Bewohner des Ortes habe eine große Erbschaft gemacht, die seine jährlichen Einkünfte vertausendfacht – also von 54 Tausend auf satte 54 Millionen vergrößert –, dann würden Median und Mittel getrennte Wege gehen. Sie liefen regelrecht auseinander.

Der Median, der nur an die Ordnung der Beobachtungen anknüpft, nicht aber an die Abstände zwischen diesen, bliebe gänzlich unverändert. Nach wie vor läge er bei 36 Tausend. Die beschriebene Veränderung hat er achselzuckend registriert. Er ist dagegen unempfindlich.

Der Arithmetische Mittelwert hingegen spürt den Abweichler ziemlich stark. Er reagiert enorm und schießt gleichsam in die Höhe: von 38 Tausend auf 6 Millionen.

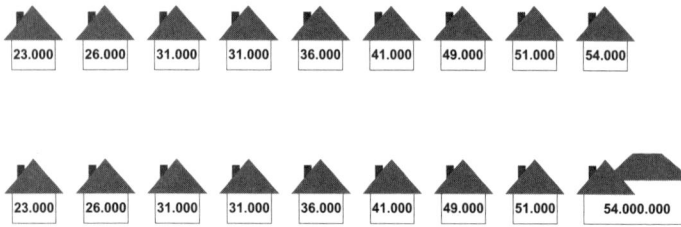

Abbildung 9: Einkommensverhältnisse in Euro einer fiktiven Ortschaft, vor und nach einer Erbschaft

Kann man das neu berechnete Arithmetische Mittel von 6 Millionen aber als repräsentativen Wert für die – veränderten – Einkommensverhältnisse im Ort ansehen?

Spezieller gefragt: Angenommen, alle Haushalte des Ortes sind Kunden bei der ortsansässigen Bank. Wäre es sinnvoll, wenn diese Bank Finanzprodukte und Dienste entwickelte, die Kunden mit Haushaltseinkommen von um die 6 Millionen Euro als Zielgruppe anvisierte?

Eindeutig nein!

Denn die 6-Millionen-Zahl repräsentiert weder die große Gruppe der überwiegend kleinen Einkommen, noch fühlt sich wahrscheinlich der Großerbe wiedererkannt. Der Median macht es hier viel besser. Wegen Ausreißer-Unempfindlichkeit ist er auch bei auftretenden Extremwerten viel typischer für die große Mehrheit der Einkommen.

Die Ausreißer-Empfindlichkeit des Arithmetischen Mittels beeinträchtigt unter diesen und vergleichbaren Umständen seine Aussagekraft als typischer Wert. Das kommt nicht selten vor. Die Beeinträchtigung ist darauf zurückzuführen, dass immer alle Zahlenwerte explizit in seine Berechnung einfließen. Alle bringen sich mit demselben Gewicht ein. Das ist aber immer dann schlecht, wenn Ausreißer vorhanden sind oder die Daten sich über mehrere Größenordnungen erstrecken.

Beide Kenngrößen, Mittel und Median, ergänzen sich in der Praxis sehr gut. Im Zusammenwirken mit dem Median kann das Arithmetische Mittel zur Beurteilung der Symmetrie eines Datensatzes oder des als Schiefe bezeichneten Gegenteils eingesetzt werden.

Liegen beide Kennzahlen nahe beieinander, streuen die Daten wahrscheinlich annähernd symmetrisch um den Median. Ist der Median wesentlich größer als das Arithmetische Mittel, spricht man von einem linksschiefen Datensatz. In unserem Beispiel ist der Datensatz nach 1000-facher Vergrößerung des größten Einkommens rechtsschief geworden, da das Arithmetische Mittel dadurch erheblich größer wird als der Median.

Dieses Beispiel hat ergeben, dass es nicht nur *einen* möglichen Repräsentanten für eine Datenmenge gibt. Zweitens: Nicht immer liefert das Arithmetische Mittel die beste Datenkomprimierung auf eine einzige Zahl. Beide Ergebnisse werden später noch vertieft und wesentlich differenziert.

Mittel zum Zweck

Wir bleiben straff am Stoff: nämlich Mittelwertbildung. Es wird aber jetzt noch eine andere Sichtweise für deren Umsetzung gezeigt. Sie ist in ein Szenario aus der Welt des Geldes eingebettet, kann aber darüber hinaus leicht und stark verallgemeinert werden.

Herr K ist stolzer Besitzer eines Aktienpakets der Firma Highlife. Er hat es vor drei Jahren für insgesamt 1000 Euro erworben. In den ersten beiden Jahren gab es nichts zu klagen, lag doch die Zuwachsrate seiner Aktien erst bei 15 Prozent, dann sogar bei 25 Prozent. Doch im dritten Jahr stürzte der Aktienmarkt nahezu ins Bodenlose: Staunenden Auges, aber tapfer nahm unser Freund einen Verlust von 37 Prozent hin.

Die Wertänderungen betrugen demnach plus 15, plus 25 und minus 37, in Prozent ausgedrückt.

Herr K macht sich an die Arbeit und errechnet daraus die mittlere Kursänderung als

$$\frac{15 + 25 - 37}{3} = \frac{3}{3} = 1 \text{ Prozent.}$$

Er ist erleichtert, wähnt er doch seine Aktien nach dieser Rechnung immer noch im grünen Bereich. «Na ja», denkt er, «eine 1-prozentige Rendite. Nicht der Rede wert, aber jedenfalls kein Verlust.»

Weniger froh stimmt ihn aber eine Kursinformation seiner Bank. Der Aktienwert liege bei 905,62 Euro. Das ist weniger als der Kaufpreis von 1000 Euro. Überraschend für Herrn K, ist sein Aktienpaket tatsächlich in die Verlustzone gerutscht. Er ist erstaunt, weil seine kleine Rechnung doch etwas anderes ergeben hatte: Seine Mittelwertberechnung hatte zu einem positiven Wert geführt.

Wie ist das zu verstehen?

Und zu erklären?

Machen wir uns zunächst das Leben leichter und die Situation durch Konkretisierung anschaulicher. Änderungen in Prozent sind schwerer zu verdauen als Zuwächse und Abnahmen in Euro. Schütteln wir die Prozente ab und rechnen mit handfesten Geldbeträgen.

Eine Zuwachsrate von 15 Prozent im ersten Jahr bedeutet im Klartext, dass die Aktien von anfangs 1000 Euro auf 1150 Euro gestiegen sind. Das ist ein Plus von 150 Euro. Will man das Plus mit einem Faktor ausdrücken, ist es eine Änderung um den Faktor 1,15. Denn 1000 Euro mal 1,15 ergibt den neuen Wert 1150 Euro. Jeder Faktor größer als die Zahl 1 ist ein Wachstumsfaktor und drückt eine Zunahme aus.

Der Zuwachsrate von 25 Prozent im zweiten Jahr entspricht eine Änderung um den Wachstumsfaktor 1,25 von 1150 Euro auf 1150 Euro · 1,25 = 1437,50 Euro.

Im dritten Jahr ist eine Wertminderung von 37 Prozent aufgetreten.

Best of Grausamkeiten (1)

hier: Der Börsencrash 2008

Abbildung 10: Der schwarze 15. September 2008 an der Börse

Business an der Börse kann riskant sein. Viel Psychologie steckt darin. Wie viel Psychologie im Business steckt, das teilt uns der aus dem Schwabenland einst frisch nach Brüssel abberufene Ministerpräsident Günther Oettinger in gediegenem Schwänglisch mit:

«Fiffti pörzent ov bisniss is pseikolodschi.»

---

37 Prozent von 1437,50 Euro sind 531,87 Euro. Der Aktienkurs rutschte von 1437,50 Euro am Jahresanfang auf 1437,50 Euro − 531,87 Euro = 905,63 Euro.

In einer Grafik ist das Auf und Ab des Wertverlaufs instruktiv darstellbar. Der Kurvenverlauf zeigt den starken Anstieg und den dramatischen Einbruch sehr deutlich.

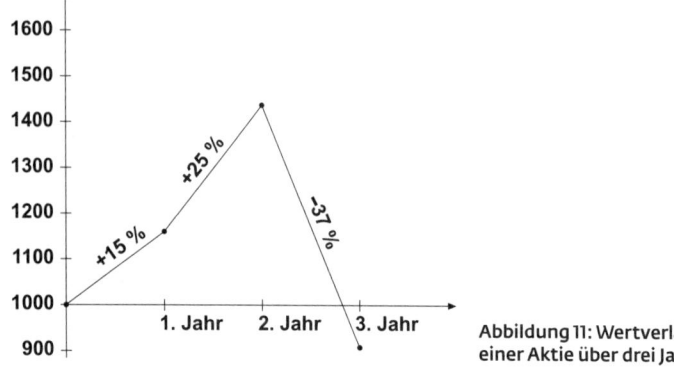

Abbildung 11: Wertverlauf einer Aktie über drei Jahre

Dieser letzte Aktienwert kann auch durch Multiplikation des Kurswertes 1437,50 Euro nach dem zweiten Jahr mit dem Faktor 0,63 erhalten werden. Der Faktor 0,63, also 1,00 − 0,37, spiegelt die 37-prozentige Abnahme multiplikativ wider.

Der Wert der Aktien am Ende des dritten Jahres ergibt sich aus dem Produkt des Ausgangswertes 1000 Euro mit den drei Änderungsfaktoren 1,15 und 1,25 und 0,63. So ist die Wertentwicklung rechnerisch vielleicht am besten nachvollziehbar:

$$1000 \cdot 1,15 \cdot 1,25 \cdot 0,63 = 905,63 \text{ Euro.}$$

Das sind drei verschiedene jährliche Änderungsraten. Über den Zeitraum der drei Jahre rufen sie eine Gesamtänderung hervor.

Was ist hier unter mittlerer Änderung zu verstehen?

Es ist ein in jedem der drei Jahre gleicher Änderungsfaktor, der am Ende des dritten Jahres zu demselben Aktienwert von 905,63 Euro führt. Dieser gleichbleibende Änderungsfaktor führt zur selben Gesamtänderung. Er kann deshalb mit Recht als *mittlere* Änderungsrate angesehen werden.

Im vorliegenden Fall ist die mittlere Änderungsrate eine Abnahmerate. Nach dem Gesagten ist es der Faktor x, der das Ergebnis 1000 Euro $\cdot$ x $\cdot$ x $\cdot$ x = 905,63 Euro liefert. Informativ ist dann diese Zahlenzeile:

$$x \cdot x \cdot x = \frac{905,63}{1000} = \frac{1150}{1000} \cdot \frac{1437,50}{1150} \cdot \frac{905,63}{1437,50} = 1,15 \cdot 1,25 \cdot 0,63 = 0,9056$$

Unser unbekanntes x, dreimal mit sich selbst malgenommen, liefert 0,9056. Wurzelziehen oder ein bisschen ausprobieren ergibt:

$$x = 0,9675$$

Dieser x-Faktor leistet genau das Gewünschte:

$$0,9675 \cdot 0,9675 \cdot 0,9675 = 0,9056$$

ist dasselbe wie

$$1,15 \cdot 1,25 \cdot 0,63 = 0,9056.$$

Wenn ich den Ausgangswert 1000 Euro dreimal mit der Zahl 0,9675 malnehme, erhalte ich dasselbe, als wenn ich ihn mit den Zahlen 1,15 und 1,25 und 0,63 malnehme. Der Faktor 0,9675 stellt also eine Vereinheitlichung der an sich verschiedenen Wertänderungen dar. Eine Vereinheitlichung, die zum selben Endergebnis führt.

Dieser Faktor 0,9675 ist so zu lesen, dass im Mittel pro Jahr 100 Prozent – 96,75 Prozent, also 3,25 Prozent, des anfangs in Aktien angelegten Kapitals von 1000 Euro verloren gehen. Optisch gedeutet, wird mit diesem Faktor das Auf und Ab des Kursverlaufs in der Grafik zu einer geraden Linie glatt gebügelt. Zu einer Geraden, die bei 1000 Euro beginnt und bei 905,63 Euro endet.

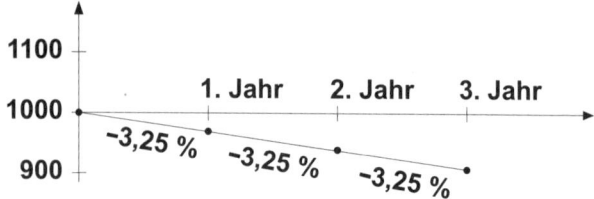

Abbildung 12: Veranschaulichung einer konstanten Wertabnahme über drei Jahre

Das Arithmetische Mittel der Änderungsprozente hat also die wahren Verhältnisse ganz falsch wiedergegeben. Es hatte sogar noch von einem Wertzuwachs gesprochen. Diese klassische Mittelwertbildung ist hier fehl am Platz. Das dürfte jetzt klar geworden sein.

Einsparungsparadoxon

Der Geschäftsführer einer Firma setzt als Belohnung ein Preisgeld von 100 Euro aus für jeden Angestellten, der einen Vorschlag macht, welcher der Firma unzweifelhaft Geld spart.
Der siegreiche Vorschlag lautete: «Streichen Sie das Preisgeld.»

Wir haben inzwischen einiges über Durchschnitte gelernt. Dies ist ein guter Moment, um ein erstes Fazit festzuhalten:

Durchschnittliche Raten der Veränderung, ganz gleich, ob es sich um das Wachstum von Einwohnerzahlen, Wertänderungen bei Anlageobjekten oder Variationen des Mineralölverbrauchs handelt, dürfen nicht mit dem Arithmetischen Mittel berechnet werden.

Für diese Art von Daten ist eine andere Form von Mittelwert zu verwenden - ein Mittelwert, bei dem die einzelnen Zahlen nicht aufsummiert und durch ihre Anzahl geteilt werden. Vielmehr muss man die Zahlenwerte der Änderungsfaktoren zunächst miteinander multiplizieren; deren Mittel ist dann jene Zahl, die, ebenso häufig mit sich selbst malgenommen, dasselbe Produkt ergibt. Es ist also die Wurzel aus dem Produkt. Das Mittel aus einer Verdopplung und einer anschließenden Verachtfachung ist also eine Vervierfachung, aber nicht eine Vermehrung um den Faktor fünf.

Diese Form von Mittelwertbildung bezeichnet man als *Geometrisches Mittel*.

Das Arithmetische Mittel und das Geometrische Mittel sind zwei verschiedene Arten des Mittelns. Zwischen ihnen besteht aber eine Beziehung, die man der folgenden lehrreichen Bildcollage entnehmen kann. Es ist ein visueller Beweis ohne Worte, den ich Ihnen zur wohlgefälligen Betrachtung überlasse.

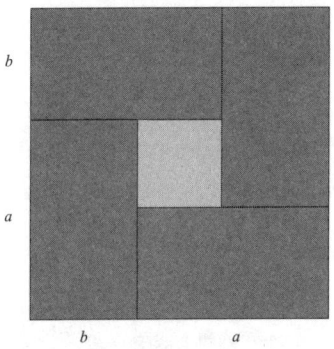

Abbildung 13: Visueller Beweis der Tatsache, dass das Arithmetische Mittel nie kleiner ist als das Geometrische Mittel

Das Bild erfordert ein gewisses Maß von kreativem Hingucken. Jedes Rechteck hat die Fläche $a \cdot b$. Es gibt vier Stück davon. Das kleine Quadrat in der Mitte hat die Seitenlänge $a - b$ und deshalb die Fläche $(a - b) \cdot (a - b)$. Das aus allen fünf Flächenstücken zusammengepuzzelte große Quadrat hat die Seitenlänge $a + b$ und deshalb die Fläche $(a + b) \cdot (a + b)$. Damit ist alles parat, um die Botschaft des Bildes rechnerisch zu verarbeiten: Das große Quadrat ist größer als die vier Rechtecke, die einen Teil davon bilden:

$$(a + b) \cdot (a + b) \geq 4ab$$

Wurzelziehen ergibt: $\qquad a + b \geq \sqrt{4ab}$

Folglich: $\qquad\qquad \dfrac{a + b}{2} \geq \sqrt{ab}$

Links steht des Arithmetische Mittel der Zahlen a und b, rechts steht deren Geometrisches Mittel. Im Vergleich zum schönen Bild, das dies alles enthält, ist die formale Spur der Rechnung nur eine trockene Abwicklung. Das Bild ist viel anschaulicher, lebendiger, verständlicher und ästhetischer: Ich glaube, an dieser Stelle könnte erstmals das Wort «grandios» fallen.

Wir sind damit einem Datentyp begegnet, bei dem sich die klassische Durchschnittsberechnung nach Art des Arithmetischen Mittels als falsch erwiesen hat. Das Geometrische Mittel muss stattdessen verwendet werden.

Knobelzone

In dieser Knobelaufgabe geht es auch um Prozente. Sie zeigt eine andere Art von Problem auf, das beim kritiklosen Hantieren mit Prozentigem auftreten kann.

Mit einer Studie wollen Wissenschaftler die Wirkung von Rauch- und Trinkgewohnheiten auf das Körpergewicht untersuchen. Als Zusammenfassung ihrer Ergebnisse geben die Wissenschaftler folgende Prozentsätze an:

92 % der Versuchsteilnehmer haben schon einmal geraucht.
68 % der Versuchsteilnehmer waren schon einmal betrunken.
28 % der Versuchsteilnehmer sind übergewichtig.
37 % haben schon einmal geraucht und waren schon einmal betrunken.
24 % haben schon einmal geraucht und sind übergewichtig.
26 % waren schon einmal betrunken und sind übergewichtig.

Herr K liest diese Zahlen und fragt sich, ob die angegebenen Prozentsätze überhaupt stimmen können.
Was denken Sie? $\qquad\qquad\qquad\qquad \rightarrow$

Wenn Sie einen Tipp möchten: Was ergäbe sich mit obigen Zahlen als Prozentsatz derjenigen Versuchsteilnehmer, die übergewichtig sind *und* schon einmal geraucht haben *und* schon einmal betrunken waren?

Lösung

Schreiben wir G für die Anzahl unter hundert Versuchsteilnehmern, die schon einmal geraucht haben. Entsprechend schreiben wir B und Ü für die Zahl der schon einmal Betrunkenen und der Übergewichtigen unter hundert Versuchsteilnehmern. Kombinationen der Buchstaben bezeichnen dann Anzahlen, die mehrere der drei Eigenschaften besitzen. Zum Beispiel ist BÜ die Zahl der schon einmal betrunkenen Übergewichtigen.

Aus der folgenden Abbildung ist eine Beziehung zwischen diesen Anzahlen zu entnehmen:

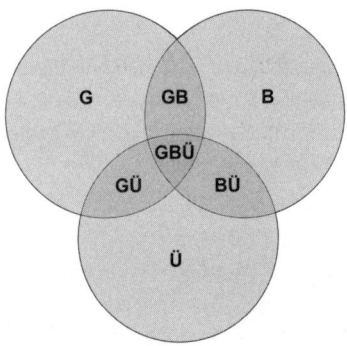

Abbildung 14: Drei Mengen und ihre diversen Schnittmengen

$$100 = G + B + Ü - GB - GÜ - BÜ + GBÜ$$

Würde man einfach nur die Anzahlen G, B, Ü addieren, so hätte man jeweils jene Menschen doppelt gezählt, die zu mehr als einer der besagten Mengen gehören. Deshalb muss man von der Sum- →

me der Zahlen G + B + Ü sowohl GB als auch GÜ als auch BÜ abziehen. Doch damit kommt man immer noch nicht auf die Gesamtzahl von 100.

Schaut man genauer hin, sind jene Menschen mit allen drei Eigenschaften noch nicht bzw. nicht mehr im bisherigen Saldo vorhanden. Zwar ist deren Anzahl GBÜ in jeder der Anzahlen G, B und Ü enthalten, womit sie dreimal berücksichtigt wurden. Doch sie ist auch in jeder der Anzahlen GB, GÜ und BÜ enthalten, wodurch sie dreimal wieder abgezogen wurde. Deshalb muss GBÜ noch einmal hinzuaddiert werden.

Damit haben wir die obige Gleichung erklärt.

Aus dieser Gleichung ergibt sich für die Anzahl GBÜ nach Umstellen die Rechnung

$$GBÜ = 100 - G - B - Ü + GB + GÜ + BÜ$$
$$= 100 - 92 - 68 - 28 + 37 + 24 + 26$$
$$= -1,$$

also eine Zahl unter null, was natürlich unmöglich ist.

Die von den Wissenschaftlern angegebenen Prozentsätze können deshalb nicht stimmen. Irgendwo steckt ein Fehler.

Ein paar Trainingseinheiten

Damit ist die Bandbreite der Möglichkeiten des Mittelns längst noch nicht erschöpft.

Das zeigen unsere nächsten Unternehmungen, die das Spektrum abermals erweitern:

Herr K beginnt mit Lauftraining. Er läuft eine Strecke von 10 Kilometern mit einer Geschwindigkeit von 20 km/h. Erschöpft geht er denselben Weg wieder zurück mit einer Geschwindigkeit von 5 km/h.

20 km/h

5 km/h

10 km

Abbildung 15: Herr K bei Hinweg und Rückweg über jeweils 10 km

Die erste Frage, die uns interessiert:

Was ist seine mittlere Geschwindigkeit auf der gesamten Strecke aus Hin- und Rückweg?

Wieder könnte man versucht sein, das Problem mit dem Arithmetischen Mittel anzupacken. Mitteln wir also die beiden Geschwindigkeiten für Hin- und Rückweg:

$$\frac{20 + 5}{2} = 12{,}5 \text{ km/h}$$

Die Antwort würde demnach in der Aussage bestehen, dass Herrn Ks mittlere Geschwindigkeit bei 12,5 km/h liegt.

Abbildung 16: «Wollen doch mal schauen, ob hier eine Geschwindigkeitsüberschreitung vorliegt. Oder ist das Objekt etwa schon an meiner Kamera vorbeigehuscht?»

Prüfen wir, ob dieses Resultat Sinn macht.

Wie aber kann man dieses Ergebnis auf Plausibilität prüfen? Die mit den Zahlen durchgeführte Rechnung ist sicher richtig. Aber beantwortet dieses Ergebnis die richtige Frage? Was aber ist eigentlich die richtige Frage?

Zunächst und überhaupt ist die Bedeutung des Begriffs «mittlere Geschwindigkeit» in diesem Setting zu klären: Was muss eine Zahl leisten, wenn sie berechtigte Ansprüche darauf erheben will, in diesem Kontext als mittlere Geschwindigkeit anerkannt zu werden?

Unter den möglichen Anforderungen gibt es nur eine, die Sinn macht. Es ist diese: Ist man gleichbleibend schnell mit der mittleren Geschwindigkeit unterwegs, sollte man die Gesamtstrecke aus Hin- und Rückweg in derselben Gesamtzeit zurücklegen. Mit dieser Anforderung wird also wieder eine Beseitigung der Variationen – diesmal bei den Geschwindigkeiten – verlangt, und zwar in einer Weise, dass das Gesamtergebnis in Gestalt der verbrauchten Reisezeit unverändert bleibt.

So weit ist es leicht nachvollziehbar.

Doch wie ist, an diesen Gedanken anknüpfend, die mittlere Geschwindigkeit konkret zu berechnen?

Wir überlegen wie folgt: Das, was man Geschwindigkeit nennt, ist der Bruch aus zurückgelegtem Weg und dafür benötigter Zeit. Wenn uns jemand seine Geschwindigkeit für eine Strecke mitteilt, können wir daraus die von ihm benötigte Zeit ausrechnen. Läuft etwa Herr K die Strecke von 10 km mit der Geschwindigkeit von 20 km/h, so benötigt er dafür $10/20 = 0,5$ Stunden.

Für den im Schlenderschritt zurückgelegten Rückweg benötigt Herr K $10/5 = 2$ Stunden.

Seine Gesamtzeit für die Strecke von $2 \cdot 10 = 20$ Kilometern beträgt demnach $10/20 + 10/5$ Stunden. Man muss nur die Zeiten für beide Wege addieren. Die mittlere Geschwindigkeit V als Quotient aus Weg durch Zeit ist dann der einfache Bruch:

$$V = \cfrac{2 \cdot 10}{\cfrac{10}{20} + \cfrac{10}{5}}$$

Die Zahl 10 in diesem Bruch, die in Zähler und Nenner auftritt, ist die Länge des Weges. Besonders erfreulich hieran ist, dass diese Weglänge durch Herauskürzen spurlos verschwindet.

$$V = \cfrac{2}{\cfrac{1}{20} + \cfrac{1}{5}}$$

Hier angekommen, ist der Weg zum Ergebnis nicht mehr weit:

$$V = \cfrac{2}{\cfrac{1}{20} + \cfrac{4}{20}} = \cfrac{2}{\cfrac{5}{20}} = \cfrac{2}{\cfrac{1}{4}} = 2 \cdot \frac{4}{1} = 8$$

Das Ergebnis in Worte gefasst: Eine gleichbleibende Geschwindigkeit von 8 km/h auf dem Hinweg wie auf dem Rückweg würde dazu führen, dass Herr K zur selben Zeit – also auch wieder nach 2,5 Stunden – am Ausgangspunkt ankommt.

Dieser Wert von 8 Stundenkilometern unterscheidet sich vom Arithmetischen Mittel von 12,5 Stundenkilometern.

Die mittlere Geschwindigkeit ergibt sich demnach auch hier nicht aus der gängigen Bruchrechnung

$$\frac{20 + 5}{2}.$$

Eine sinnvolle Mittelwertbildung für die Zahlen 20 und 5 ist hier im Geschwindigkeitskontext vielmehr durch die kompliziertere Kalkulation

$$\cfrac{1}{\cfrac{1}{2} \cdot \left(\cfrac{1}{20} + \cfrac{1}{5} \right)}$$

vorzunehmen.

Auch diese Rechnungsweise hat einen eigenen Namen. Man spricht vom *Harmonischen Mittel* der beiden Zahlen 20 und 5.

Genaues Hinsehen macht deutlich, dass das Harmonische Mittel der Kehrwert des Arithmetischen Mittels der Kehrwerte der Zahlen ist. Da es aus Kehrwerten berechnet wird, ist das Harmonische Mittel sehr freundlich gegenüber kleinen Zahlen. Damit meine ich, dass kleine Zahlen einen großen Einfluss auf den Wert des Mittels ausüben. Große Werte werden dagegen durch diese mathematische Operation stark verkleinert und in ihrer Wirkung de-

---

Neues aus der Raum-Zeit

Ein Reisebüro meines Vertrauens benutzte vor einiger Zeit eine spatio-temporale Gleichung, mit der selbst ein Albert Einstein trotz aller E-gleich-em-zeh-quadratischen Pracht seinen Nimbus nicht unwesentlich vermehrt hätte. Mit folgender Formel wollte die Griechische Fremdenverkehrszentrale Touristen für einen Urlaub im Land der tausend Inseln begeistern:

15 030 km an Küsten x 17 Stunden Sonnenschein pro Tag = 14 Tage hier

Meine Unterstützung haben sie!

Abbildung 17: Einstein übertrumpft! Cartoon von Alex Balko und Christian Hesse

---

zimiert. Insofern ist das Harmonische Mittel einer Datenmenge kleiner als das Arithmetische Mittel.

Auch die obige mathematische Prozedur berechnet einen Durchschnitt. Flugs sind wir damit bei der Frage angekommen, wann welcher Durchschnitt der Richtige ist.

Wann ist zum Beispiel bei Daten vom zusammengesetzten Typ, also etwa *Kilometer pro Stunde* oder *Euro pro Liter*, das Arithmetische Mittel anzuwenden und wann das Harmonische Mittel?

Keine leichte Frage: Es handelt sich um kompliziertere Typen von Daten. Bei ihnen ist stets die Änderung einer Größe (die Größe im Zähler) auf eine andere Größe (die Größe im Nenner) bezogen. Das signalisiert uns das kleine Wörtchen «pro».

Merkmale von diesem Typ nennt man *verhältnisskaliert*.

Die Antwort auf die aufgeworfene Frage lautet:

Bei verhältnisskalierten Merkmalen muss das Harmonische Mittel für die Mittelbildung dann verwendet werden, wenn die Zählergröße bei der Datenerzeugung konstant gehalten wurde und die Nennergröße variieren konnte.

In der zuvor behandelten Situation war die von Herrn K zurückgelegte Strecke von 10 Kilometern als Zählergröße in der zusammengesetzten Größe (nämlich *Geschwindigkeit = Strecke durch Zeit*) bei Hinweg und Rückweg dieselbe. Die dafür benötigte Zeit ist die Nennergröße. Sie hängt bei fester Strecke von der Geschwindigkeit ab. Wenn die Geschwindigkeit variiert, dann variiert auch sie. Je größer die Geschwindigkeit, desto weniger Zeit wird für das Zurücklegen der Distanz verbraucht.

Anders verhält es sich, wenn die Zählergröße variieren kann und die Nennergröße konstant bleibt. Das ist genau der umgekehrte Fall:

Bei verhältnisskalierten Merkmalen muss das Arithmetische Mittel für die Mittelbildung dann verwendet werden, wenn die Nennergröße bei der Datenerzeugung konstant gehalten wurde und die Zählergröße variieren konnte.

Diese Fallsituation läge im letzten Beispiel etwa dann vor, wenn sich Herr K für eine gewisse Zeit gleichmäßig mit konstanten 20 Stundenkilometern fortbewegt hätte und anschließend dieselbe Zeitspanne noch mit 5 Stundenkilometern. Dann müsste über die gesamte, also verdoppelte Zeitspanne als Durchschnittsgeschwindigkeit das Arithmetische Mittel von 20 km/h und 5 km/h veranschlagt werden, um in derselben Gesamtzeit mit einer gleichbleibenden Geschwindigkeit dieselbe Strecke zurückzulegen.

Davon wollen wir uns kurz überzeugen:

Nehmen wir als Zeitspanne 2 Stunden. Mit einer Geschwindigkeit von 20 km/h wird in dieser Zeit ein Weg von $20 \cdot 2 = 40$ Kilometern zurückgelegt, entsprechend mit 5 km/h Geschwindigkeit in 2 Stunden der Weg $5 \cdot 2 = 10$ Kilometer.

Eine konstant gewählte Geschwindigkeit V, mit der jemand über die Gesamtzeit $2 \cdot 2$ Stunden dieselbe Strecke $20 \cdot 2 + 5 \cdot 2$ Kilometer zurücklegt, erfüllt die einfache Gleichung $20 \cdot 2 + 5 \cdot 2 = V \cdot 2 \cdot 2$. Wiederum lässt sich kürzen: hier die willkürlich angesetzte Zeitspanne von 2 Stunden. Bringt man die Geschwindigkeit danach durch abermaliges Teilen alleinstehend auf eine Seite, ist man bei

$$V = \frac{20 + 5}{2} = 12,5 \text{ km/h}.$$

Das ist unser vertrautes Arithmetisches Mittel der beiden Geschwindigkeiten.

Automobilistik

In Deutschland wird zur Einschätzung der Wirtschaftlichkeit eines Fahrzeugs der Benzinverbrauch in Litern pro 100 Kilometer (*L/100 km*) herangezogen. Es wird also angegeben, wie viel Treibstoff ein Auto für eine *festgelegte Strecke* von 100 Kilometern benö- →

tigt. In den USA pflegt man die umgekehrte Sichtweise und misst die Effizienz in Meilen pro Gallone *(mpg)*. Es wird also die mit einer *festgelegten Menge Treibstoff* von 1 Gallone fahrbare Strecke angegeben. Natürlich lässt sich das eine in das andere umrechnen. Es bestehen die Umrechnungsbeziehungen

$$1\,Gallone = 3{,}785\,Liter\,(L)$$
$$1\,Meile = 1{,}609\,Kilometer\,(km).$$

Der Übergang zwischen beiden Sichtweisen kann deshalb verwirklicht werden mit der Formel:

$$1\,L/100\,km = 235{,}21\,mpg$$

und allgemeiner, wenn ein Fahrzeug x Liter pro 100 Kilometer verbraucht:

$$x\,L/100\,km = 235{,}21/x\,mpg.$$

In Worten: Einer Effizienz von x auf der in Deutschland üblichen Skala *L/100 km* entspricht der Zahlenwert $235{,}21/x$ auf der amerikanischen Skala *mpg*.
Nehmen wir nun einmal an, ein deutscher und ein amerikanischer Ingenieur wollen die Effizienz zweier Fahrzeugtypen A und B vergleichen. Acht Fahrzeuge, je vier beider Typen, werden auf verschiedenen Strecken (Stadtverkehr, Autobahn, Gebirge usw.) derselben Länge gefahren. Den Verbrauch erfassen die Ingenieure auf den ihnen vertrauten Skalen:

	Deutscher Ingenieur *(L/100 km)*		Amerikanischer Ingenieur *(mpg)*	
	Typ A	Typ B	Typ A	Typ B
Fahrzeug 1	4	6	58,80	39,20
Fahrzeug 2	8	7	29,40	33,60
Fahrzeug 3	8	7	29,40	33,60
Fahrzeug 4	12	8	19,60	29,40
Arithmetisches Mittel	8	7	34,30	33,95

→

Aus Sicht des deutschen Ingenieurs ist ein Fahrzeugtyp umso effizienter, je geringer sein Liter-Verbrauch auf 100 Kilometern ist. Das ist bei Fahrzeugtyp B der Fall mit einem mittleren Verbrauch von nur 7 L/100 km gegenüber 8 L/100 km bei Fahrzeugtyp A.

Für den amerikanischen Ingenieur gilt natürlich ein Fahrzeugtyp als umso effizienter, je länger die Strecke ist, die mit einer Gallone Benzin gefahren werden kann. Seltsamerweise, da im Widerspruch zur Schlussfolgerung des deutschen Ingenieurs, ist das der Fahrzeugtyp A. Sein Mittelwert von 34,30 mpg weist auf größere Effizienz hin als der von Fahrzeugtyp B mit 33,95 mpg.

Die beiden Ingenieure kommen also zu völlig konträren Schlussfolgerungen. Und dass, obwohl sich beide auf dieselben Tatsachen beziehen, die in Form von Daten lediglich auf verschiedenen Skalen festgehalten werden.

Wie lässt sich dieses offensichtliche Paradoxon auflösen?

Welcher Fahrzeugtyp ist wirtschaftlicher?

Haben Sie eine Vermutung?

Die Antwort ist ziemlich subtil; selbst austrainierte Nachdenker werden sich damit nicht leichttun. Die Antwort beginnt mit der Einschätzung, dass zwar beide Ingenieure ihr «Durchschnittsfahrzeug» mit dem Arithmetischen Mittel errechnet haben, sie aber mit dieser Rechnung ganz unterschiedliche Fragen beantworten. Der Unterschied kommt durch die Verschiedenartigkeit der Skalen ins Spiel, die zueinander in einem umgekehrten Verhältnis stehen.

Was bedeutet es nämlich für ein Fahrzeug, «durchschnittlich» zu sein?

Das ist hier die Einstiegsfrage für das Verständnis.

Der deutsche Ingenieur erfasst «Durchschnittlichkeit» mit seiner Anwendung des Arithmetischen Mittels auf die Verbrauch-pro-Strecke-Daten. Der Zahlenwert der durchschnittlichen Effizienz eines Fahrzeugtyps ist für ihn die Antwort auf folgende Frage:

Angenommen, eine gewisse Anzahl von Fahrzeugen eines Typs legt je ein gleich langes Streckenstück zurück und benötigt dafür zusammengenommen eine bestimmte Menge an Benzin. Was ist →

die Effizienz eines Fahrzeugs, von dem dieselbe Anzahl von Modellen dieses Effizienzwertes auf denselben Streckenlängen denselben Gesamtverbrauch hätte?

Der amerikanische Ingenieur erfasst «Durchschnittlichkeit» mit seiner Anwendung des Arithmetischen Mittels auf die *Strecke-pro-Treibstoff*-Daten aber inhaltlich anders, nämlich als Antwort auf die Frage:

Angenommen, eine gewisse Anzahl von Fahrzeugen eines Typs wird jeweils mit derselben Menge Benzin ausgestattet und legt damit eine gewisse Gesamtstrecke zurück. Was ist die Effizienz eines Fahrzeugs, von dem dieselbe Anzahl von Modellen dieses Effizienzwertes, jeweils mit derselben Menge Benzin ausgestattet, dieselbe Gesamtstrecke zurücklegen würde?

Beides sind Vorstellungen von Durchschnittlichkeit. Aber es sind, genau bedacht, zwei verschiedene Antworten auf dieselbe Frage nach einem Fahrzeug «durchschnittlicher» Effizienz.

Wenn die Fahrzeuge dieselbe Menge Benzin im Tank haben, dann trägt das effizienteste Fahrzeug natürlich mehr zur zurückgelegten Gesamtstrecke bei als in dem Fall, wenn die Fahrzeuge nach Vorgabe gleich lange Strecken zurücklegen. Deshalb ist das deutsche Durchschnitts-Typ-B-Fahrzeug (7 *L/100 km*) im direkten Vergleich weniger effizient als das amerikanische Durchschnitts-Typ-B-Fahrzeug (33,95 *mpg*), denn 7 *L/100 km* entsprechen nach unserer Umrechnungsformel nur 33,60 *mpg*.

Obwohl also beide Ingenieure das Arithmetische Mittel zu Vergleichszwecken einsetzen, haben sie doch unterschiedliche statistische Fragen an die Daten gestellt und beantwortet.

Der deutsche Ingenieur arbeitet mit Verbrauch pro Strecke von 100 Kilometern. Damit wird beim Einsatz verschiedener Fahrzeuge die Nennergröße «zurückgelegte Strecke» konstant gehalten, und der *Verbrauch* unterscheidet sich von Fahrzeug zu Fahrzeug. Die angemessene Mittelwertbildung für verhältnisskalierte Daten dieses Zuschnitts ist nach unseren früheren Überlegungen das *Arithmetische Mittel*.

Die Daten, die der amerikanische Ingenieur verwendet, sind vom Typ «Strecke pro Treibstoff von 1 Gallone». Damit sein berechne-   →

ter Mittelwert mit dem des deutschen Ingenieurs direkt vergleichbar ist, muss ebenfalls der für konstante zurückgelegte Strecken geeignete Mittelwert verwendet werden, also der für eine *konstant* gehaltene Zählergröße bei *variabler* Nennergröße.

Das bedeutet: Für Vergleichszwecke mit dem deutschen Ingenieur muss der amerikanische Ingenieur das *Harmonische Mittel* seiner Daten der Fahrzeugtypen A und B berechnen. Es führt bei Fahrzeugtyp A auf $H = 29{,}40$ *mpg* und bei Fahrzeugtyp B auf $H = 33{,}60$ *mpg*. Jetzt ist, wie beim deutschen Ingenieur, Fahrzeugtyp B der effizientere. Damit ist das Paradoxon aufgelöst.

So oder so

Manchmal sind in einem Land gleichzeitig zwei verschiedene Sichtweisen gebräuchlich: In Australien wird in den Ballungsgebieten die Bevölkerungsdichte damit angegeben, wie viele Menschen auf einem Quadratkilometer wohnen: Personen pro Quadratkilometer. Im australischen Outback wird dagegen angegeben, wie viele Quadratkilometer auf einen Einwohner kommen: Quadratkilometer pro Person.

Gewichtsprobleme

Verschiedene Fragen haben uns zu drei völlig verschiedenen Methoden der Mittelwertbildung geführt. Wir wollen noch ein wenig bei diesen klassischen Mittelwerten verweilen. Als klassisch werden sie deshalb bezeichnet, weil schon Pythagoras und seine Pythagoreer vor zweieinhalbtausend Jahren diese Mittelwerte mathematisch untersucht haben. Schon damals wurden allerhand bemerkenswerte Eigenschaften entdeckt.

So kann es vorkommen, dass man den einzelnen Zahlenwerten verschiedene Gewichte zuordnen möchte, etwa dann, wenn im Notenbeispiel die mündliche und schriftliche Teilnote eines Schülers verschieden stark in die Gesamtnote eingehen sollen. Oder wenn es sich bei den einzelnen Zahlenwerten um Repräsentanten unterschiedlich großer Stichproben handelt. Oder wenn es sich, wie im letzten Beispiel, nicht um gleich lange, sondern verschieden lange Strecken für Hin- und Rückweg handelt.

Um an das Beispiel vom Laufen noch einmal anzuknüpfen: Wird etwa eine Strecke von 15 Kilometern mit einer bestimmten Geschwindigkeit v zurückgelegt und anschließend eine weitere Strecke von 5 Kilometern mit einer anderen Geschwindigkeit w, dann müssen zur Mittelwertfindung diese Geschwindigkeiten mit gewissen Faktoren in die Rechnung eingebracht werden.

Diese Faktoren heißen auch *Gewichte*. Die Gewichte sind die Anteile am Ganzen, mit denen die einzelnen Zahlen ihr Gewicht in die Mittelwertbildung einbringen: Hier sind es 15/20 und 5/20, weil ein Anteil von 15/20 der Gesamtstrecke mit der einen Geschwindigkeit gelaufen wurde und ein Anteil von 5/20 mit einer anderen. Also muss die eine Geschwindigkeit mit dem Faktor 15/20 gewichtet werden und die andere mit dem Faktor 5/20. So gelangt man zum Begriff des *gewichteten* Arithmetischen Mittels. Die mittlere Geschwindigkeit ist hier also das gewichtete Arithmetische Mittel:

$$A = \frac{15}{20} \cdot v + \frac{5}{20} \cdot w$$

Im Unterschied zum normalen Arithmetischen Mittel sind die Gewichte im jetzigen Fall nicht mehr 1/2 und 1/2, sondern 15/20 und 5/20. In beiden Fällen ist aber die Summe der Gewichte jeweils gleich 1. Das gilt ganz generell auch bei mehr als nur zwei zu mittelnden Zahlen mit ihren zugehörigen Gewichten. Immer sind die Gewichte alle positiv und addieren sich zu 1. Auch das ist eine kleine mentale Notiz wert.

Wie geht's nun weiter von hier?

Wir wollen zunächst unser neues Wissen anwenden. Dazu verlassen wir das Trockendock und gehen in medias res: Mit verschiedenen Mittelwerten im Köcher wagen wir uns an neuartige Situationen heran und prüfen, ob diese Mittel dort ausreichen oder ob das Sortiment eventuell noch ergänzt werden muss.

Gleich die erste Geschichte ist pädagogisch wertvoll in mehrfacher Hinsicht:

Ein Student möchte sich zwischen verschiedenen Universitäten entscheiden. Er wählt die Universität, die für seinen Studiengang mit den geringsten durchschnittlichen Vorlesungsgrößen wirbt, nämlich 50 Studenten im Schnitt bei den drei Anfängervorlesungen. Als er sich dort eingeschrieben hat und die drei Vorlesungen hört, muss er aber verärgert feststellen, dass die durchschnittliche Vorlesungsgröße mit 100 doppelt so groß ist wie von der Universität mitgeteilt. Der Student denkt an eine Beschwerde.

Geben wir einmal den Zahlen die Ehre und prüfen, ob nicht je nach Perspektive vielleicht sogar beides richtig sein kann. Nehmen wir also konkrete Zahlen in die Hand.

Die vom Studenten besuchten Anfängervorlesungen haben eine Größe von 5, 25 und 120 Studenten.

| 5 Studenten | 25 Studenten | 120 Studenten |

Abbildung 18: Studentenzahlen in drei Anfängervorlesungen

Die durchschnittliche Vorlesungsgröße beträgt also tatsächlich

$$\frac{5 + 25 + 120}{3} = \frac{150}{3} = 50.$$

So hatte es die Universität in ihrer Werbebroschüre stolz verkündet.

Man könnte dies als die Sicht der Universität oder auch als die Perspektive des Dozenten bezeichnen. Der Dozent dieser drei Vorlesungen hat es im Schnitt mit 50 Studenten pro Vorlesung zu tun.

Doch es gibt noch eine andere Sichtweise, nämlich die der Studenten. Befragt man alle Studenten der drei Vorlesungen, wie groß die Lehrveranstaltung ist, an der sie teilnehmen, so erhält man 5-mal die Antwort «5», 25-mal die Antwort «25» und 120-mal die Antwort «120». Damit liegt der Durchschnitt aller studentischen Antworten bei

$$E = \frac{5 \cdot 5 + 25 \cdot 25 + 120 \cdot 120}{5 + 25 + 120} = 100{,}3.$$

Da haben wir unseren Aha-Moment:

Vom Standpunkt des Dozenten und vom Standpunkt der Studenten sind die mittleren Vorlesungsgrößen derselben Vorlesungen ganz unterschiedlich. Die Dozentenperspektive führt auf das bekannte Arithmetische Mittel. Der studentische Blickwinkel ergibt nach Berechnungsweise und Zahlenwert hingegen eine andere Größe.

Diese wollen wir nun genauer unter die Lupe nehmen. Wir werden erkennen, dass es sich dabei auch um eine Art von Mittelwert handelt.

Schreibt man abkürzend einfach nur u für den Quotienten $5/(5+25+120)$ und v für $25/(5+25+120)$ sowie w für den Quotienten $120/(5+25+120)$, ermöglicht diese Festsetzung die Darstellung der obigen Größe E als gewichtetes Arithmetisches Mittel:

$$E = u \cdot 5 + v \cdot 25 + w \cdot 120$$

Genau besehen, ist es eine ganz spezielle Gewichtung. In Worten ausgedrückt: Das Gewicht eines jeden Merkmalswertes ist proportional zum Merkmalswert selbst. Jeder Merkmalswert geht proportional dem eigenen Gewicht in die Mittelbildung ein. Man bezeichnet deshalb den Wert *E* als *Eigengewichtsmittel* der Merkmalswerte. Auch hier sind die Gewichte *u*, *v* und *w* positiv und ergeben in der Summe 1.

Vergleicht man die unterschiedlichen Gewichte des Eigengewichtsmittels mit den Gewichten des Arithmetischen Mittels, die in der Standardversion allesamt gleich sind, so wird deutlich, dass das Eigengewichtsmittel solche Werte, die größer als ihr Arithmetisches Mittel sind, stärker gewichtet, als das Arithmetische Mittel dies tut, und kleinere Werte entsprechend schwächer. Insofern besteht zwischen beiden Arten der Mittelung immer die Beziehung:

Eigengewichtsmittel ist mindestens so groß wie Arithmetisches Mittel.

Das haben wir notiert und merken es uns für spätere Zwecke.

Das Eigengewichtsmittel scheint auf den ersten Blick ein Mittel fernab vom Alltag zu sein, mit wenig bis gar keinen Anwendungen im praktischen Leben. Wozu braucht man so etwas? Doch in Wirklichkeit tritt es öfter auf, als gemeinhin gedacht wird.

Ein Fallbeispiel aus der Welt des Wartens ist besonders instruktiv. Schauen wir es kurz an.

Der Fahrplan an einer Bushaltestelle weist aus: «Im Schnitt kommt alle 30 Minuten ein Bus.»

H

Im Schnitt kommt
alle 30 Minuten ein Bus

Abbildung 19:
Bushaltestelle,
an der im Schnitt
alle 30 Minuten
ein Bus ankommt

Wir fragen uns zunächst:

Trifft jemand zu einer zufälligen Zeit an dieser Bushaltestelle ein, mit welcher Wartezeit muss er dann rechnen?

In einem ersten Anlauf vereinfachen wir die Rahmenbedingungen: Die Busse kommen nicht nur im Schnitt alle 30 Minuten, sondern sogar ganz präzise in 30-minütigen Abständen an. Dann kann der zufällig eintreffende Fahrgast mit einer durchschnittlichen Wartezeit von 15 Minuten rechnen. Das ist der halbe Abstand zwischen nacheinander eintreffenden Bussen.

Das war nicht schwer.

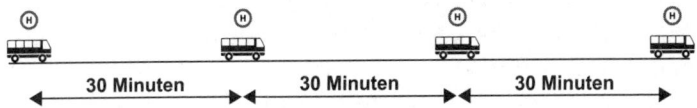

Abbildung 20: Bushaltestelle, an der genau alle 30 Minuten ein Bus ankommt

Wie aber ist es, wenn die eine Hälfte der Zeitspannen zwischen zwei aufeinanderfolgenden Bussen 50 Minuten lang ist und die andere Hälfte 10 Minuten? Wenn also die Busse abwechselnd nach 50 oder 10 Minuten kommen?

Die mittlere Länge des Intervalls zwischen aufeinanderfolgenden Bussen ist dann nach wie vor

$$\frac{50 + 10}{2} = 30 \text{ Minuten.}$$

Das war es auch bisher, aber ohne die kleine Variation, die wir eingebaut haben. Bei dieser etwas anderen Fahrplangestaltung sorgt das Busunternehmen auch weiterhin für zwei Busse pro Stunde. Für das Unternehmen hat sich – betriebswirtschaftlich gesehen – nichts geändert.

Abbildung 21: Bushaltestelle mit 10- und 50-minütigen Zeitspannen zwischen Bussen

Für uns, die Kunden, jedoch schon. Denn wir sind an der Wartezeit interessiert und daran, dass diese eher kürzer ist als länger.

Wie steht es also um die mittlere Wartezeit eines zufällig eintreffenden Passagiers?

Auch hier rechnet man eigentlich nicht damit, dass sich im Schnitt etwas geändert haben könnte. Doch überlegt man genauer, wird eines klar: Bei zufälligem Eintreffen ist die Wahrscheinlichkeit, während einer langen Lücke zwischen zwei Bussen einzutreffen, natürlich größer als die Wahrscheinlichkeit, während einer kurzen Lücke einzutreffen.

In der Tat ist die Wahrscheinlichkeit, während einer gewissen Zeitspanne einzutreffen, proportional zur Länge der Zeitspanne.

Dies bedeutet, dass ein Zufallsankömmling mit Wahrscheinlichkeit 50/(50+10) während einer 50-minütigen Spanne zwischen Bussen ankommt und dann im Schnitt die halbe Intervalllänge von 25 Minuten zu warten hat.

Mit einer Wahrscheinlichkeit von 10/(50+10) kommt er in einem 10-minütigen Intervall an und muss dann im Schnitt nur 5 Minuten warten. Die mittlere Wartezeit ergibt sich aus diesen Vorüberlegungen als der gewichtete Ausdruck

$$\frac{50}{50+10} \cdot 25 + \frac{10}{50+10} \cdot 5 = 28,7.$$

Dividiert man Zähler und Nenner der in dieser Gleichung auftretenden beiden Brüche durch 2, erkennt man die durchschnittliche Wartezeit sofort als Eigengewichtsmittel der halben Zeitspannen zwischen Bussen, also von 25 und 5 Minuten.

Murphys Gesetz, quantitativ

oder Warum alles immer so lange dauert

Für die Fertigstellung eines Projekts müssen fünf parallel auszuführende, voneinander unabhängige Arbeitsschritte erledigt werden, die alle im Mittel eine Bearbeitungszeit von einer Stunde benötigen.

Die fünf Arbeitsschritte werden gleichzeitig begonnen. Obwohl jeder Schritt im Schnitt in einer Stunde fertig ist, darf man sich aber nicht der Hoffnung hingeben, dass dann auch das Gesamtprojekt im Schnitt in einer Stunde fertiggestellt sein wird.

Aber warum denn nicht?

Sei etwa die Wahrscheinlichkeit für jeden Einzelschritt gleich $1/2$, dass er nicht mehr als eine Stunde in Anspruch nimmt. Also fifty-fifty. Dann beträgt die Wahrscheinlichkeit, dass das gesamte Projekt spätestens in einer Stunde fertiggestellt ist, nur $1/2 \cdot 1/2 \cdot 1/2 \cdot 1/2 \cdot 1/2 = 0{,}03$ oder 3 Prozent. Für jeden Einzelschritt steht es zwar fifty-fifty, dass er in einer Stunde fertig ist, aber das Gesamtprojekt ist nur mit der Wahrscheinlichkeit von 3 Prozent nach einer Stunde fertig.

Bei jedem der Einzelschritte können nämlich Verzögerungen eintreten, und jede Verzögerung bei jedem Einzelschritt schlägt auf die Fertigstellung des Ganzen voll durch. Das Ganze ist erst dann fertig, wenn jeder Teil fertig ist. Wenn zum Beispiel jeder Einzelschritt wiederum mit Wahrscheinlichkeit fifty-fifty entweder nach einer halben Stunde oder nach anderthalb Stunden fertig ist, dann wird mit der oben berechneten Wahrscheinlichkeit von nur 3 Prozent das Ganze in einer halben Stunde fertig sein. Mit der Gegenwahrscheinlichkeit von 97 Prozent wird aber mindestens ein Einzelschritt anderthalb Stunden benötigen, und dann wird auch das Gesamtprojekt mindestens anderthalb Stunden benötigen.

Wie soll man diesen Effekt nennen?

Vorschlag: Tausendfüßler-Effekt. Ein Tausendfüßler ist so schnell wie sein langsamster Fuß. →

> Und als Zugabe füge ich diesem Einschub als Abschluss noch hinzu:
>
> *Murphys Gesetz, wahrscheinlichkeitstheoretische Variante*
>
> Wenn die Wahrscheinlichkeit 50:50 ist, dass etwas schiefgeht, dann wird es das in 99 von 100 Fällen auch tun.

Diese Überlegungen zeigen, dass bei der Beurteilung irgendeiner beliebigen Sache, sei es eine Messgröße, eine Maßnahme oder eine Verhaltensweise, generell nicht allein der mittlere Wert oder das mittlere Verhalten wichtig ist und eine Rolle spielt, sondern auch die Variationen um dieses Mittel große Auswirkungen haben.

Geht etwa ein Mensch geradlinig über den schmalen Mittelstreifen zwischen den beiden Fahrbahnseiten einer Schnellstraße, so wird er das überleben, wenn alle Autofahrer korrekt auf ihren Hälften fahren. Handelt es sich aber um einen Betrunkenen, der mal nach rechts und mal nach links torkelt und dessen Bewegungslinie nur im Mittel auf dem Mittelstreifen liegt, so wird er dieses Verhalten sicher nicht überleben.

> **Glücksradeln**
>
> Ein Glücksrad, auf dem zwei Sektoren ausgezeichnet sind, wird gedreht. Ein Sektor gehört zu einem Winkel von 300 Grad und der andere zu einem Winkel von 60 Grad. Man kann sich das so vorstellen: →

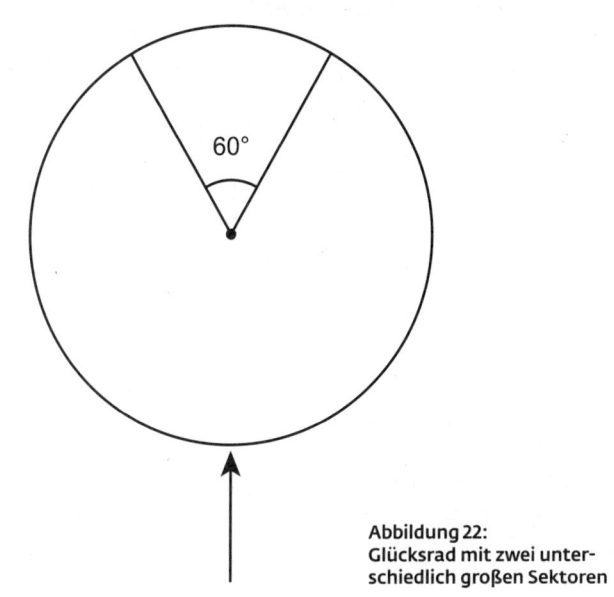

60°

Abbildung 22:
Glücksrad mit zwei unter-
schiedlich großen Sektoren

Beim Glücksrad steht der Profizocker. Wieder bietet er ein Spiel an: Er werde Herrn K 250 Euro zahlen und das Glücksrad einmal drehen. Herr K solle ihm dann einen Euro-Betrag zahlen, der gleich dem Winkel des Sektors ist, in den der Pfeil fällt, also entweder 300 Euro oder 60 Euro.

Wie ist das Spiel zu bewerten?

Herr K überlegt so: Ich muss entweder 300 Euro oder 60 Euro aus-zahlen, im Schnitt also (300 + 60)/2 = 180 Euro. Ich bekomme aber 250 Euro. Also ist das Spiel für mich sehr günstig.

Das ist aber falsch: Im Mittel ist der von Herrn K zu zahlende Betrag nicht das Arithmetische Mittel aus 300 und 60 Euro. Es ist nämlich viel wahrscheinlicher und kommt deshalb öfter vor, dass der Zeiger im großen Sektor liegt und die Auszahlung 300 Euro beträgt. Diese unterschiedlichen Wahrscheinlichkeiten der beiden Auszahlungen sind zu berücksichtigen. Mit Wahrscheinlichkeit von 300/360   →

ist die Auszahlung 300 Euro, also 300 Euro im Schnitt in 300 von 360 Fällen. Nur in 60 von 360 Fällen – also mit Wahrscheinlichkeit 60/360 – zahlt Herr K nur 60 Euro. Der im Schnitt zu zahlende Betrag ist deshalb das gewichtete Mittel

$$\frac{300}{360} \cdot 300 + \frac{60}{360} \cdot 60 = \frac{300 \cdot 300 + 60 \cdot 60}{300 + 60} = E = 260.$$

Und dies entpuppt sich als Eigengewichtsmittel der beiden Zahlen 300 und 60, also der Größen der beiden Sektoren in Grad.
Das Spiel ist ungünstig für Herrn K. Auf lange Sicht verliert er pro Spiel 10 Euro.

Auch das Eigengewichtsmittel ist nicht frei von Paradoxien. Der zuvor angesprochene Sachverhalt beim Warten, speziell die mittlere Wartezeit bei zufälligem Eintreffen an einer Bushaltestelle, liefert einen guten Einstieg dafür. Schauen wir nochmals auf die einfachere Variante, bei der die Busse regelmäßig und genau jede halbe Stunde ankommen. Die mittlere Wartezeit liegt bei 15 Minuten. Eine Viertelstunde.

Knobelzone

In den 1950er Jahren hatten die Physiker George Gamow und Marvin Stern ihre Büros in einem siebenstöckigen Haus, Gamow im zweiten Stock und Stern im sechsten Stock. Mit der Zeit bemerkten sie etwas Seltsames und haben es aufsatzhalber der Welt mitgeteilt: Immer wenn Gamow nach oben wollte, um Stern zu besuchen, kam der Aufzug fast immer von oben herunter und nicht von unten hoch. Ähnlich erging es Stern, der bemerkt hatte, dass der Aufzug fast immer von unten herauf und nicht von oben herab kam. →

Es verhielt sich so, als ob die Aufzüge in der Mitte des Gebäudes fortwährend losgeschickt würden und an den beiden Enden unten und oben verschwanden. Wie kann man dieses Gamow-Stern-Paradoxon erklären, denn eigentlich fährt der Aufzug doch im Schnitt genauso oft nach oben wie nach unten?

Lösung
Ein Betrachter, der auf einem mittleren Stockwerk längere Zeit die Fahrten eines Aufzugs verfolgt, würde tatsächlich dieselbe Anzahl von Fahrten in beide Richtungen registrieren. Doch wartet er nur auf den *nächsten* Aufzug, ist die Situation anders: Befindet er sich auf einem Stockwerk im oberen Bereich des Gebäudes, etwa dem sechsten von sieben, so wird der Aufzug mit großer Wahrscheinlichkeit von unten kommen, denn der Aufzug verbringt mehr Zeit im größeren Teil des Gebäudes. Und das ist der Bereich unterhalb des zweitobersten Stockwerks. Er wird deshalb das zweitoberste Stockwerk meist von unten erreichen.

Ein Aufzug, der von unten kommt, passiert den zweitobersten Stock – außer wenn dort jemand ein- oder aussteigen will –, fährt ganz nach oben weiter und kommt kurz darauf wieder von oben herunter am zweitobersten Stock vorbei. Auf den oberen Stockwerken ist also der zeitliche Abstand zwischen Fahrten nach oben und nach unten relativ gering. Nur wenn man in einem solch kurzen Intervall am Aufzug ankommt, erwischt man einen von oben kommenden Aufzug.

Nehmen wir nun ergänzend an, es habe Beschwerden der Fahrgäste wegen zu langer Wartezeiten gegeben. Das Busunternehmen habe darauf mit der Einführung eines weiteren Busses reagiert.

Es fahren also nun drei Busse jede Stunde. Die Busse seien so getaktet, dass die Intervalle zwischen aufeinanderfolgenden Abfahrten 40 Minuten, 16 Minuten und 4 Minuten lang sind. Wir wissen ja schon, welche Art von Mittel fürs mittlere Warten angesetzt wer-

Abbildung 23: Busfahren, indisch

den muss. Es ist das Eigengewichtsmittel: Die mittlere Wartezeit eines zufällig Ankommenden ist mit dem Eigengewichtsmittel der halben Intervalllängen zu berechnen und ergibt

$$\frac{20 \cdot 20 + 8 \cdot 8 + 2 \cdot 2}{20 + 8 + 2} = 15{,}6.$$

Das ist mehr als eine Viertelstunde.

Und das ist kurios: Obwohl ein weiterer Bus eingesetzt wurde, hat die mittlere Wartezeit für die Kunden zugenommen.

Dies ist kein Taschenspielertrick, sondern Realität: Wenn mehr Busse fahren, kann theoretisch die Wartezeit der Passagiere im Mittel länger werden, wenn die Fahrplangestaltung ungünstig ist.

So mancher Fahrplan könnte unter diesem Gesichtspunkt optimiert werden.

Das Netzwerk meiner Freunde

Netzwerke sind allgegenwärtig. Jeder kennt sie. Bei den vernetzten Strukturen kann es sich um Straßenverkehrsnetze zwischen Städten, Datenaustauschnetzwerke zwischen Computern oder Kooperationsnetzwerke zwischen Wissenschaftlern handeln, um nur einige wenige Beispiele von Netzwerken zu nennen.

Auch jeder von uns ist in eine Vielzahl von Netzwerken eingebunden. Eines der wichtigsten Netzwerke ist das der Freunde. Es hat eine Menge interessanter Eigenschaften. Und stellt viele komplizierte mathematische Probleme. Schauen wir uns einige dieser Eigenschaften und Probleme genauer an.

Man muss kein Psychologe sein, um zu wissen, dass Menschen dazu neigen, sich in vielfältiger Weise mit ihren Freunden zu vergleichen. Auch hinsichtlich der Anzahl der Freunde: Wie viele Freunde habe ich? Wie viele Freunde haben meine Freunde?

Psychologen haben in detaillierten Studien sogar Hinweise für Folgendes gefunden: Haben sie weniger Freunde, als die eigenen

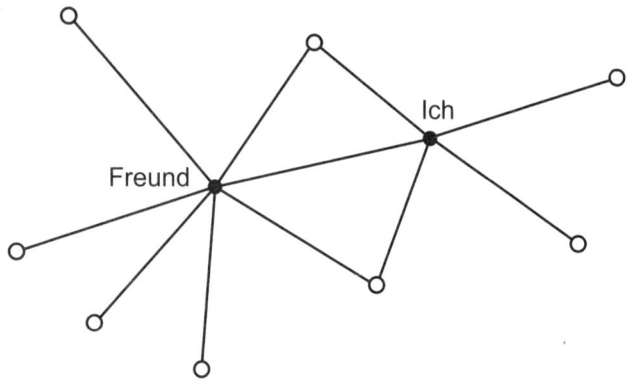

Abbildung 24: Ausschnitt aus dem Netzwerk meiner Freunde

Freunde im Schnitt Freunde haben, dann fühlen sich manche Menschen sozial defizitär.

Das scheint psychologisch übertrieben, hört sich aber plausibel an und mag auch so sein. Doch wollen wir diesem Phänomen nicht psychologisch, sondern mit der Mathematikbrille zu Leibe rücken. In Netzwerken können nämlich überraschende Effekte auftreten – im Netzwerk der Freunde etwa das *Freundschaftsparadoxon*. Es besagt schlicht und einfach, dass Individuen im Schnitt weniger Freunde haben, als die Freunde der Individuen im Schnitt Freunde haben. Und zwar allein aus mathematischen Gründen.

Ja, das besagt es wirklich: Die meisten Menschen haben überwiegend Freunde mit mehr Freunden, als sie selbst Freunde haben. Mathematisch verbürgt.

Erstaunlich, oder?

Und zunächst unglaublich, nimmt man doch aus Symmetrie-Erwägungen an, dass im Mittel kein Unterschied besteht zwischen der Anzahl der Freunde eines Menschen und der Anzahl der Freunde eines Freundes dieses Menschen. Und doch ist es wahr, ein ehernes Netzwerkgesetz, reine Mathematik, keine Psychologie. Es hat also nichts mit größerer oder geringerer Beliebtheit von Menschen oder Freunden von Menschen zu tun.

Wenn Sie also wieder einmal deprimiert darüber sind, wie viele Freunde doch Ihre Freunde haben und wie wenig Freunde Sie selbst haben, dann bedenken Sie, dass eine grundlegende Eigenschaft von Netzwerken mit zu diesem Gefühl beiträgt. Das ist zwar paradox. Aber wir werden es aufklären und bald verstehen.

Man kommt dem Verständnis schon einen guten Schritt näher, wenn man bedenkt, dass die Verteilung der Freunde von Freunden von Individuen einige Personen sehr häufig enthält. Oder anders gewendet, die Verteilung der Freunde Ihrer Freunde ist deshalb zu Ihren Ungunsten verzerrt, weil Menschen mit vielen Freunden allein schon dadurch eine größere Wahrscheinlichkeit haben, auch mit Ihnen befreundet zu sein, als Menschen mit wenigen Freunden.

In den Extremfällen ist das besonders einleuchtend:

Jemand mit gar keinen Freunden hat eine Wahrscheinlichkeit von 0 Prozent, Ihr Freund zu sein.

Jemand, der alle zu Freunden hat, ist mit Wahrscheinlichkeit 100 Prozent auch mit Ihnen befreundet.

Die meisten Ihrer Freunde liegen zwischen diesen Extremen, aber mit einer Verzerrung eher in Richtung *mehr* als in Richtung *weniger* Freunde. Diese Verzerrung ist die Grundlage des Phänomens.

Bedenkt man es genau, ist bei diesem Phänomen derselbe Verzerrungseffekt am Werk, wie er bei der Untersuchung der Vorlesungsgröße aus der Sicht von Dozenten gegenüber der Sicht von Studenten festgestellt wurde. Hier wie dort ist die Verzerrung in ähnlicher Weise anzahlgebunden. Es ist sogar leicht, die direkte Analogie herzustellen:

Ein rein zufällig ausgewählter Student hat eine größere Wahrscheinlichkeit, aus einer Vorlesung mit vielen Studenten zu kommen als aus einer Vorlesung mit wenig Studenten.

Ein rein zufällig ausgewählter Freund hat eine größere Wahrscheinlichkeit, Freund eines Menschen mit vielen Freunden zu sein als ein Freund eines Menschen mit wenig Freunden.

Das hilft uns schon ein gutes Stück weiter. Es ist aber nur ein qualitatives Statement und insofern erst ein Halbfabrikat. Zum brauchbaren Fertigprodukt wird die Überlegung, wenn sie noch mit ein wenig Mathematik unterlegt wird:

Angenommen, ein Freundschaftsnetzwerk besteht aus n Personen, wobei die i-te Person x_i Freunde hat. Die mittlere Anzahl der Freunde der Personen im Netzwerk ist also zu berechnen als das Arithmetische Mittel der Freundeszahlen dieser n Personen – mithin Gesamtzahl der Freunde geteilt durch die Gesamtzahl der Personen:

$$\frac{x_1 + x_2 + \ldots + x_n}{n}$$

Die mittlere Zahl der Freunde von Freunden eines Individuums ist dann vom Prinzip her genauso zu berechnen. Das Mittel ergibt sich als die Gesamtzahl der Freunde von Freunden geteilt durch die Gesamtzahl der Freunde. Zähler und Nenner dieses Bruchs erfordern etwas Aufwand. Nehmen wir uns zuerst den Zähler vor.

Um die Gesamtheit der Freunde von Freunden zu bestimmen, muss bedacht werden, dass das i-te Individuum x_i-mal Freund einer anderen Person ist und auch selbst x_i Freunde besitzt. Das i-te Individuum trägt demnach x_i Freunde von Freunden x_i-mal zur Summe bei, was in toto $x_i \cdot x_i$ Freunde von Freunden sind. Die Gesamtzahl aller Freunde von Freunden erhält man durch anschließendes Zusammenzählen dieser Beiträge von allen Individuen. Diese Summe ist der Zähler unseres Quotienten, nämlich

$$x_1 \cdot x_1 + x_2 \cdot x_2 + \ldots + x_n \cdot x_n.$$

Damit ist die Hauptleistung erbracht. Bleibt nur noch dies zu tun: Der zu obigem Zähler gehörende Nenner ist die Zahl x_i der Freunde des i-ten Individuums, abermals aufaddiert über alle Individuen. Das ergibt den vergleichsweise schlichten Nenner

$$x_1 + x_2 + \ldots + x_n.$$

Und im Ergebnis ist die mittlere Zahl der Freunde der Freunde der Individuen der Ausdruck

$$E = \frac{x_1 \cdot x_1 + x_2 \cdot x_2 + \ldots + x_n \cdot x_n}{x_1 + x_2 + \ldots + x_n}.$$

Unschwer ist dieser Ausdruck wieder als gewichtetes Mittel zu erkennen: als Eigengewichtsmittel der Anzahl der Freunde eines Individuums. Die Gewichte für die einzelnen Zahlen x_i sind hier $x_i/(x_1 + x_2 + \ldots + x_n)$. Das Gewicht der Freundeszahl x_i des i-ten Individuums ist damit proportional zu x_i selbst.

Was haben wir gelernt?

Individuen haben Freunde, deren Zahl im Schnitt gleich dem Arithmetischen Mittel der Zahlen x_1 bis x_n ist. Wird eine Person rein zufällig ausgewählt, dann ist dieses Arithmetische Mittel die beste Schätzung für die Anzahl der Freunde dieser Person.

Freunde von Individuen haben Freunde, deren Zahl im Schnitt gleich dem Eigengewichtsmittel der Zahlen x_1 bis x_n ist. Wird eine Person rein zufällig ausgewählt und dann einer der Freunde dieser Person rein zufällig ausgewählt, dann ist dieses Eigengewichtsmittel die beste Schätzung für die Anzahl der Freunde des Freundes der Person.

Jetzt müssen wir uns nur noch erinnern. Denn wir wissen ja bereits, dass dieses besondere Mittel – das Eigengewichtsmittel – größer ist als das Arithmetische Mittel: Fertig!

Hadert also nicht: Eure Freunde werden schon aus mathematischen Gründen höchstwahrscheinlich mehr Freunde haben als Ihr selbst. Jedenfalls ist ein direkter Vergleich kein faires Spiel, sondern aus netzwerkstrukturellen Gründen zugunsten Eurer Freunde verzerrt.

Allein schon aus Eigenfairness sollten Sie sich also nicht mit Ihren Freunden vergleichen. Und wenn Sie sich unbedingt vergleichen wollen, dann tun Sie das lieber mit einem durchschnittlichen Menschen aus dem Netzwerk. Keiner Ihrer Freunde ist aber ein solcher durchschnittlicher Mensch allein schon insofern, als er ja mit Ihnen befreundet ist. Damit hat er bereits einen gewissen Startvorteil, den Sie nicht haben.

Da das nun geklärt ist, wäre als Nächstes zu fragen: Wie lässt sich ein fairer Vergleich mit einem beliebigen Menschen des Netzwerks organisieren?

Nehmen wir an, Sie kennen nur die Zahl der Freunde Ihrer Freunde, etwa indem Sie Ihre Freunde befragt haben. Was Sie aber naturgemäß nicht kennen, ist die Zahl der Freunde eines beliebigen Menschen im Netzwerk.

Mit einem hübschen Trick können Sie sich aber aus der Affäre ziehen. Dieser Trick schüttelt die strukturelle Benachteiligung ab, die Sie selbst beim direkten Vergleich mit Ihren Freunden erleiden. Das geschieht durch geschickte Gewichtung, also Herunterkorrigieren, um die Häufigkeiten zu berücksichtigen, mit der diese Freunde in den Freundeslisten verschiedener Menschen auftauchen.

So ist es vom Prinzip her. Und damit ist ein Anfang gemacht. Um es präzise durchzuführen, ist noch etwas quantitatives Raffinement erforderlich. Wie muss man es genau machen? Nun, es gibt Menschen mit vielen Freunden und welche mit wenigen Freunden. Und jemand, der zum Beispiel 20 freundschaftliche Beziehungen hat, taucht in jedem von 20 individuellen Freundesclustern auf, und seine Freundeszahl muss deshalb mit dem Faktor $1/20$ gewichtet werden, um die mittlere Größe des Freundesclusters aller Individuen im Netzwerk ausgewogen zu schätzen.

Mit anderen Worten und direkter gesagt: Jeder Ihrer Freunde mit x Freunden muss mit dem Faktor $1/x$ gewichtet werden. Gewichtung eines Freundes bedeutet ja nichts anderes als Multiplikation seiner Freundeszahl x mit diesem Faktor $1/x$, damit der Beitrag dieses Freundes zur Gesamtsumme nicht überrepräsentiert wird. Der Beitrag dieses Freundes zur Gesamtsumme ist also 1, und in der Tat gilt dasselbe für den Beitrag jedes Ihrer Freunde.

Demnach kann ein Mensch, etwa Herr K, mit seinen m Freunden die mittlere Zahl der Freunde aller Menschen mit folgendem Rezept unverzerrt abschätzen:

$$\frac{m}{\dfrac{1}{x_1} + \dfrac{1}{x_2} + \ldots + \dfrac{1}{x_m}}$$

Die darin auftretenden Zahlen x_i sind die Anzahlen der Freunde, die jeder der m Freunde von Herrn K hat.

Diese Formel ist uns nicht unbekannt. Ein Harmonisches Mittel ist wiederum aufgetaucht: das Harmonische Mittel der Zahl der Freunde der insgesamt m Freunde von Herrn K.

Und wenn Herr K das so berechnen kann, dann können natürlich auch Sie das so berechnen. Damit werden die Standortvorteile Ihrer Freunde Ihnen gegenüber nivelliert, und zwar gerade so stark, dass es jetzt fair gegenüber allen Beteiligten ist, Ihnen gegenüber und Ihren Freunden gegenüber.

Abermals brauchen wir nun einen Faktenrecall: Erinnern Sie sich noch an die Beziehung zwischen Arithmetischem und Harmonischem Mittel?

Richtig: Das Harmonische Mittel der Zahl der Freunde Ihrer Freunde ist kleiner als das Arithmetische Mittel der Zahl der Freunde Ihrer Freunde. Sie vergleichen die Zahl Ihrer eigenen Freunde also mit einem kleineren Wert. Die damit erreichte Objektivierung der wahren Verhältnisse im Freundschaftsbereich wird dazu führen, dass Sie sich mit Ihrer eigenen Freundeszahl viel besser fühlen, als wenn Sie den Durchschnitt der Zahl der Freunde Ihrer Freunde als Vergleichsgröße heranziehen.

Sollten Ihnen diese Überlegungen zu filigran oder zu vertrackt oder zu theoretisch sein, können wir durch ein Gedankenexperiment fürs Kopfkino etwas Praxisbezug ergänzen. Nebst Zahlenbeispiel:

Stellen Sie sich doch bitte einmal eine Party vor, zu der Herr K als Gastgeber seine zehn Freunde eingeladen hat. Diese Freunde sind

untereinander nicht befreundet. Wenn man jetzt die mittlere Anzahl A der Freunde dieser elf Personen bestimmen will, muss man
verrechnen, dass es zehn Personen mit je einem Freund gibt und
eine Person, Herrn K, mit genau zehn Freunden. Als Grafik ist das
in selbsterklärender Weise so darstellbar:

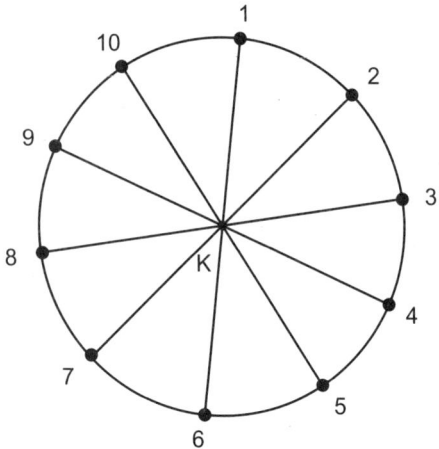

Abbildung 25: Freundschaftsbeziehungen auf einer Party bei Herrn K

In Zahlen übersetzt, sieht es so aus:

$$A = \frac{10 \cdot 1 + 1 \cdot 10}{11} = \frac{20}{11} \approx 2$$

Das Ergebnis in Worten festgehalten: Im Schnitt hat ein Partyteil-
nehmer rund zwei Freunde.

Übrigens: Der Median ist hier wesentlich besser als repräsentativer
Wert der typischen Freundeszahl geeignet, aber dies ist ein anderes
Thema, das wir auch schon angesprochen haben. Es sollte aber
nochmals, wenn auch nur am Rande, kurz erwähnt sein.

Als Nächstes zählen wir die Gesamtzahl der Freunde von Freunden ab. An der Party nehmen elf Personen teil und jede hat eine

Freundesfreundezahl von 10. Zehn Personen haben nur Herrn K als Freund, der zehn Freunde hat. Und Herr K selbst hat zehn Freunde, die jeweils einen Freund haben. Es gibt also insgesamt $11 \cdot 10 = 110$ Freunde von Freunden in diesem Netzwerk.

Diese Zahl 110 ist zu teilen durch die Gesamtzahl der Freunde auf dieser Party. Wir hatten sie oben schon mit 20 taxiert. Im Ergebnis ergibt sich für die mittlere Anzahl der Freunde von Freunden der Mittelwert

$$\frac{110}{20} = 5,5.$$

Auf der Ebene bloßer Zahlen ist die Ursache dieses größeren Wertes 5,5 ein einfaches Faktum: Der Gastgeber, Herr K, geht mit seinen zehn Freunden auch zehnmal in die Gesamterhebung der Zahl der Freundesfreunde ein. Jeder der Partygäste 1 bis 10 hingegen geht nur jeweils einmal in die errechnete Zahl 110 im Zähler ein. Anhand von Diagramm 25 sind diese Freundschaftsverhältnisse in der 11-Personen-Gruppe schnell zu überprüfen.

Zwischenruf

Nicht in jeder Hinsicht ist es besser, viele Freunde zu haben. Es gibt Studien, die belegen, dass Menschen, die mehr Freunde haben als andere, auch öfter krank sind als andere. Sich zum Beispiel öfter mit Grippe anstecken. Das hört sich plausibel an, aber wie kann man es wissenschaftlich belegen?

Es ist mühsam, menschliche Beziehungsnetzwerke nachzubilden. Nicht weniger mühsam und zudem kompliziert ist es festzustellen, welches die Teilgruppen unterschiedlich beliebter Menschen, also unterschiedlich umfangreich befreundeter Menschen, in diesen sozialen Netzwerken sind. In den identifizierten Teilgruppen müssten dann Ansteckungshäufigkeiten miteinander verglichen werden. Alles nicht so einfach. →

Die US-amerikanischen Wissenschaftler Christakis und Fowler haben dieses verschachtelte Problem im Problem umgangen. Und zwar mit einem ganz einfachen Trick. Nach alledem, was wir gerade besprochen haben, hätten wir gemeinsam auch darauf kommen können, denn der Trick befindet sich in unserem Ideen-Köcher. Sehen Sie selbst: Christakis und Fowler haben das Freundschaftsparadoxon für diese Zwecke eingesetzt.

Wir wissen ja, dass die Freunde von Individuen systemstrukturell im Mittel zahlenmäßig stärker befreundet sind als die Individuen selbst. Will man diesen Effekt einsetzen, kann man zunächst eine repräsentative Stichprobe der Individuen aus einer Grundgesamtheit ziehen. Das ist eine Gruppe A, die Gruppe der *Menschen*. Dann werden die Menschen in Gruppe A gebeten, einen Freund zu benennen. Die benannten Personen bilden die Gruppe B: die Gruppe der *Menschenfreunde*.

Es ist volksgesundheitlich höchst relevant, dass die Gruppe der Menschenfreunde sich in mancher Hinsicht von der Gruppe der Menschen unterscheidet. Als statistisch signifikant hat sich folgender Unterschied erwiesen: Typischerweise findet sich in Gruppe B bei Grippeepidemien ein größerer Anteil Erkrankter als in Gruppe A: Menschenfreunde sind mehr und öfter vergrippt als Menschen allgemein.

Selbiges kann man auch für andere Ansteckungskrankheiten vermuten.

Das ist noch nicht alles. Das Freundschaftsparadoxon liefert mehr. Christakis und Fowler konnten feststellen, dass die Menschenfreunde der Gruppe B während einer Grippeepidemie im Durchschnitt früher erkrankten als die Mitglieder der Gruppe A.

Dieses Wissen ist Macht: Denn mit diesem Wissen ist einiges zu machen. Um zu sehen, ob die Freundesgruppe B sogar dabei helfen kann, einen frühzeitigen Hinweis auf eine heraufziehende Epidemie zu bekommen, wurde im Jahr 2009 der Verlauf einer Grippeepidemie unter Harvard-Studenten akribisch genau untersucht.

Insgesamt 744 Studenten, die entweder Mitglieder einer rein zufällig ausgewählten und damit repräsentativen Stichprobe →

waren (Gruppe A) oder zu den von A-Mitgliedern benannten Freunden zählten (Gruppe B), wurden ziemlich engmaschig begleitet. Die Forscher interessierte, ob und wann wer Grippesymptome zeigte, aufgeschlüsselt nach Gruppenzugehörigkeit. Es ergab sich, dass im chronologischen Verlauf die Freundesgruppe B im Schnitt rund zwei Wochen früher von der Epidemie betroffen war als die zufallsausgewählte Gruppe A.

Medizinisch ist das ein sehr nützliches Resultat. Es gewährt bei einzuleitenden Präventionsmaßnahmen den Verantwortlichen zusätzliche zwei Wochen Vorlaufzeit, etwa den Gesundheitsämtern. Für die von Gruppe A repräsentierte Gesamtgesellschaft ist das ein nicht zu unterschätzender Zeitgewinn, um Gegenmaßnahmen gegen eine aufziehende Epidemie zu ergreifen.

Das Beispiel hat Leitcharakter. Es demonstriert nur eine von mehreren nutzbringenden Anwendungen des rekursiven Freunde-Prinzips. Christakis und Fowler konnten darüber hinaus feststellen, dass für soziale Netzwerke ein bemerkenswertes Gesetz gilt. Man könnte es das «Gesetz der drei Schritte» nennen. Es besagt Folgendes:

Ihr Verhalten beeinflusst nicht nur das Ihrer Freunde und auch nicht nur das der Freunde Ihrer Freunde. Sondern: Ihr Verhalten beeinflusst sogar noch das der Freunde der Freunde Ihrer Freunde.

Diese Fernwirkung mag Ihnen schmeichelhaft, aber darüber hinaus nicht wichtig erscheinen. Sie *sollte* Ihnen aber wichtig sein, denn in umgekehrter Richtung gilt dasselbe. Auch Sie selbst werden bis ins dritte Glied von Freundesfreunden von Freunden beeinflusst, in aller Regel unbewusst.

Und die Überlegung kann noch erweitert werden. In ähnlicher Weise gelten diese Erkenntnisse nicht nur für Epidemien von Krankheiten. Sie gelten für jede Art sozialer Ansteckung, auch für die Verbreitung neuer Ideen, Moden und Trends, Produktakzeptanz oder Diätpraktiken und Buchkäufe. Überhaupt für jede Art der Ausbreitung von Innovation durch ein zugrunde liegendes Netzwerk.

Das Freundschaftsparadoxon kann angewendet werden, um alle diese sozialen Epidemien, die sich mal schleichend, mal be- →

schleunigt durch Netzwerke hindurcharbeiten, früher und potenziell genauer als bislang vorherzusagen. Es ist ein bisschen so, als hätte man sich mithilfe dieses Paradoxons aus dem Sumpf komplizierter Prognostizierbarkeit medizinischer und sozialer Epidemien herausgezogen.

Vom Laufen und Überholen – eine Fallstudie[*]

Im bisherigen Fortgang der Argumentation ist ein ganzer Strauß verschiedener Mittelwerte zusammengekommen. Begonnen hatten wir natürlich mit dem Arithmetischen Mittel als dem Evergreener unter den Durchschnitten. Wenn irgendwo irgendetwas zu mitteln ist, greifen manche Menschen wie selbstverständlich zum Arithmetischen Mittel. Wir haben aber inzwischen gelernt, dass sein Einsatz beim Mitteln eines ganz und gar nicht ist: selbstverständlich. Im Verlauf einer behutsamen Entselbstverständlichung stießen wir auf viele Situationen, in denen andere Arten von Mittelung zwingend geboten sind.

Als Nächstes wollen wir alle eingeführten Mittelwerte in einem einzigen Kontext untersuchen. Es geht dabei wieder um Geschwindigkeiten, genauer um die mittlere Geschwindigkeit von Läufern beim Langstreckenlauf. Das Beispiel ist deshalb besonders lehrreich, weil es einen Vergleich der verschiedenen Mittelwertsbegriffe ermöglicht und Situationen ihres Einsatzes aufzeigt. Auch steckt es voller Subtilitäten. Letztlich hängt es von der Art der Daten ab und von den gewünschten Eigenschaften ihrer Zusammenfassung, ob der bestgeeignete Mittelwert der Median, das Arithmetische Mittel, das Harmonische Mittel oder gar das Eigengewichtsmittel ist.

Wenn der Staub sich gelegt hat, werden auch Sie wahrscheinlich der Ansicht sein, dass eine scheinbar so simple Vorstellung wie eine

[*] die Sie, wenn Ihnen das bislang zum Durchschnitt Ausgeführte bereits reicht, gerne auch überschlagen können.

Durchschnittsgeschwindigkeit alles andere als ein unmissverständliches Konzept ist. Das zu vermitteln ist mein erklärtes Ziel. Dies und mehr wird das Beispiel zu leisten versuchen.

Wir beginnen recht übersichtlich. Und zwar mit einigen Läufern, die ganz munter mit gleichbleibenden Geschwindigkeiten unterwegs sind. Ein weiterer Läufer, natürlich ist es unser alter Freund Herr K, bewege sich relativ zu diesen Läufern so, dass es eine gleich große Anzahl von schneller und von langsamer laufenden Läufern gibt. Wie schnell läuft Herr K?

Herr K läuft mit einer Geschwindigkeit, die der Median der Geschwindigkeiten der anderen Läufer ist. Das ist schnell gesehen, ist nachvollziehbar und muss auch nicht weiter begründet werden.

Bisher ist an unserem Gedankengang noch nichts, was mit gedanklichem Tiefgang verwechselt werden könnte. Stellen Sie sich nun aber zweitens vor, dass die n Läufer mit ihren konstanten Geschwindigkeiten einen Staffellauf ausführen. Jeder Läufer legt eine Strecke derselben Länge s zurück, und wie üblich startet jeder Läufer erst, wenn der Vorgänger seine Teilstrecke absolviert hat.

Damit haben wir eine andere Geschichte, an der wir weitere Beobachtungen anstellen können: Die Läufer legen eine Gesamtstrecke der Länge $n \cdot s$ zurück. Verlangen wir nun von Herrn K, dass er zusammen mit dem ersten Läufer startet, gleichmäßiges Tempo beibehält und zeitgleich mit dem letzten Läufer im Ziel eintrifft. Wie muss er seine Geschwindigkeit wählen?

Die Laufstrecken aller n Läufer sind gleich, ihre Zeiten sind variabel und hängen natürlich von ihrer Geschwindigkeit ab. Da die Strecke als Zählergröße bei der Definition der Geschwindigkeit fungiert, muss Herr K sein Tempo als Harmonisches Mittel der n Laufgeschwindigkeiten berechnen.

Verdopplungsunmöglichkeit

Hier erleben wir Herrn K bei einem weiteren mathematischen Abenteuer. Er legt eine gewisse Strecke mit 5 Stundenkilometern Geschwindigkeit zurück. Anschließend ist er aber unzufrieden mit seinem gemächlichen Tempo und möchte durch größere Geschwindigkeit auf dem Rückweg seinen Durchschnitt für beide Strecken auf 10 km/h erhöhen. Wie schnell muss er zurücklaufen?

Die häufigste Antwort an dieser Stelle ist 15 Stundenkilometer. Vielen Menschen scheint das völlig klar: hin mit 5 km/h, zurück mit 15 km/h, ergibt im Mittel 10 km/h für beides.

Für die meisten Menschen ist es überraschend, dass diese auf der Hand liegende Antwort falsch ist. Noch überraschter sind sie, wenn man ihnen sagt, dass durch keine noch so große Geschwindigkeit das Gewünschte zu erreichen ist. Selbst ein Rückweg mit Lichtgeschwindigkeit bringt keine Verdopplung der Durchschnittsgeschwindigkeit von 5 auf 10 Stundenkilometer. Jetzt denken Sie wahrscheinlich, das kann doch wohl nicht sein.

Lassen Sie es uns deshalb gemeinsam durchspielen. Die Schlüsselidee ist einfach: Um seine Durchschnittsgeschwindigkeit für die Gesamtstrecke auf 10 km/h zu erhöhen, müsste Herr K die gesamte Distanz in *derselben* Zeit zurücklegen, die er mit 5 km/h auf dem Hinweg für diesen allein schon benötigt hat. Er dürfte also keine Zeit mehr für den Rückweg benötigen. Das ist natürlich unmöglich.

Mathematisch gesehen ist die mittlere Geschwindigkeit für Hin- und Rückweg, wenn der Hinweg mit 5 km/h und der Rückweg mit v km/h absolviert wird, auch hier das Harmonische Mittel von 5 und v. Die Begründung ist dieselbe wie vorher: Hin- und Rückweg sind gleich lang.

Das Harmonische Mittel der beiden Geschwindigkeiten 5 und v ist

$$H = \frac{2}{\frac{1}{5} + \frac{1}{v}} = \frac{2}{\frac{v}{5v} + \frac{5}{5v}} = \frac{2}{\frac{v+5}{5v}} = 2 \cdot 5 \cdot \frac{v}{v+5}.$$

$\rightarrow$

Dieser Wert H kann aber für keine eingesetzte Geschwindigkeit v gleich 10 werden, denn dafür müsste der letzte Faktor $v/(v + 5)$ den Wert 1 annehmen. Das ist aber nicht machbar, weil bei diesem Bruch der Nenner immer größer sein wird als der Zähler, ganz gleich, wie schnell ich den Rückweg zurücklege, ganz gleich, wie groß v ist.

Beim Arithmetischen Mittel wäre das anders gewesen. Aber es ist nun einmal in der beschriebenen Situation nicht die richtige Art, Geschwindigkeiten zu mitteln.

Wir wandeln unser Laufbeispiel erneut ab. Bei einem Langstreckenlauf gebe es Läufer mit verschiedenen, aber konstanten Laufgeschwindigkeiten. Es gibt Läufer mit 10 km/h Laufgeschwindigkeit, und zwar 2 davon je Kilometer Laufstrecke. Ferner gibt es 4 Läufer je Kilometer, die mit 14 km/h Geschwindigkeit unterwegs sind, 8 Läufer je Kilometer mit 16 km/h Geschwindigkeit, 3 Läufer je Kilometer mit 18 km/h Geschwindigkeit und 1 Läufer je Kilometer mit 20 km/h Geschwindigkeit.

So weit der gesteckte Rahmen. Unser Interesse kreist um die Frage: Was würden wir beobachten, wenn wir die Langlaufstrecke mit einer Geschwindigkeit abfahren, die genau der Median der Geschwindigkeiten aller Läufer ist?

Der Median aller Geschwindigkeiten liegt übrigens bei 16 km/h. Das ist leicht zu prüfen.

Stellen wir uns also vor, wir fahren die Strecke mit 16 Stundenkilometern ab. Wenn wir gleichbleibend mit dieser Geschwindigkeit vorankommen, so überholen wir dabei jede Stunde $(16-10) \cdot 2 = 12$ Läufer, die mit 10 km/h laufen, und entsprechend werden wir pro Stunde von $(20-16) \cdot 1 = 4$ Läufern mit der Geschwindigkeit 20 km/h überholt. Die folgende tabellarische Liste führt alle Überholvorgänge auf:

Geschwindig-keit in km/h	Zahl der Läufer pro Strecken-kilometer	Zahl der Läufer, die pro Stunde überholt werden	Zahl der Läufer, von denen man pro Stunde überholt wird
10	2	12	0
12	4	16	0
16	8	0	0
18	3	0	6
20	1	0	4
Gesamt	18	28	10

Wenn wir uns mit der Median-Geschwindigkeit fortbewegen, mag man erwarten, dass wir jeden Läufer einer von zwei *gleich großen* Gruppen zuordnen können: die uns überholenden und die von uns überholten Läufer.

Einspruch auch hier. Es hört sich zwar plausibel an, stimmt aber keineswegs, nicht einmal annähernd. Die Gruppen sind nicht gleich groß. Vielmehr ist die Gruppe der von uns pro Stunde überholten Läufer mit 28 gegen 10 uns überholende Läufer erheblich größer. Auch hier ist das Naheliegende nicht das Richtige. Unsere Erwartung führt uns schon wieder in die Irre.

Versuchen wir einen neuen Anlauf: Was ist, wenn wir statt mit dem Median mit dem Arithmetischen Mittel der Geschwindigkeiten laufen?

Zuerst müssten wir diesen Durchschnitt natürlich ausrechnen, was auch schon eine Überlegung verlangt. Am einfachsten schaut man sich alle Läufer auf einem Streckenkilometer an.

Das Arithmetische Mittel ihrer Geschwindigkeiten ist so zu errechnen:

$$\frac{2 \cdot 10 + 4 \cdot 12 + 8 \cdot 16 + 3 \cdot 18 + 1 \cdot 20}{2 + 4 + 8 + 3 + 1} = \frac{270}{18} = 15 \, \text{km/h}$$

Dieser Wert ist etwas kleiner als der Median. Die Gruppe der von uns Überholten wird demnach auch kleiner sein. Führen wir genau

Buch und erfassen die Überholverhältnisse abermals in einer Tabelle:

Geschwindig-keit in km/h	Zahl der Läufer pro Strecken-kilometer	Zahl der Läufer, die pro Stunde überholt werden	Zahl der Läufer, von denen man pro Stunde überholt wird
10	2	10	0
12	4	12	0
16	8	0	8
18	3	0	9
20	1	0	5
Gesamt	18	22	22

Tabellarisch ablesbar ist, dass die Zahl der uns jetzt überholenden Läufer exakt gleich der Zahl der von uns überholten Läufer ist. Es sind beide Male 22 Läufer.

Die Gleichheit ist kein Zufall, sondern Notwendigkeit. Wenn wir uns das Arithmetische Mittel als zusätzlichen Läufer vorstellen, so wird es von genauso vielen Läufern überholt, wie es selbst Läufer überholt.

Und diese Wahrheit ist sogar umkehrbar: Wenn Sie als Läufer Ihre Geschwindigkeit so reguliert haben, dass Sie pro Stunde genauso vielen Überholten wie Überholenden begegnen, so ist Ihre Geschwindigkeit gerade das Arithmetische Mittel aller Laufgeschwindigkeiten. Auch dieser Satz überrascht, sagt unser Gefühl doch, dass diese genaue Halbierung eigentlich bei der Median-Geschwindigkeit eintreten müsste.

Es lohnt sich deshalb, diesen Gedanken noch ein wenig zu ergänzen. Die Überlegung von eben zeigt: Das Arithmetische Mittel *aller* Geschwindigkeiten ergibt sich als unsere Laufgeschwindigkeit, wenn wir gleichmäßig mit dem Median der Geschwindigkeiten von jenen Läufern laufen, denen wir beim Laufen *begegnen*. Der Begriff des «Begegnens» bedeutet dabei abermals: Wir überholen sie oder sie überholen uns. Das sind natürlich nicht alle Läufer. Es sind nur jene, mit denen man in Verhältnissen des Überholens steht: sie uns oder wir sie. Wir merken uns also:

> Das Arithmetische Mittel der Geschwindigkeit *aller* Läufer ist gleich dem Median der Geschwindigkeiten nur *der uns begegnenden* Läufer.

Eine vergleichbare Beziehung besteht für den Median *aller* Geschwindigkeiten nicht. Er kann tatsächlich nur aus den Geschwindigkeiten *aller* Läufer, nicht aber aus den Geschwindigkeiten nur der uns *begegnenden* Läufer bestimmt werden.

Wer hätte gedacht, dass Mittelwerte so vertrackt sein können?

Herrn K jedenfalls wird die ganze Sache zu komplex. Er will es sich einfacher machen, geistig und körperlich. Erstens will er nicht mehr mitlaufen müssen, um das Arithmetische Mittel aller Laufgeschwindigkeiten der Läufer zu ermitteln. Zweitens bevorzugt er eine einfachere Art des Messens. Lässig am Rand der Strecke stehend die Vorbeilaufenden mit einem Radargerät zu blitzen ist eher nach seinem Geschmack.

Um dies gedanklich durchzuspielen, seien wieder einige Läufer pro Kilometer auf der Strecke mit ihren jeweiligen Geschwindigkeiten unterwegs.

Herr K hat an einem bestimmten Punkt entlang der Strecke sein Geschwindigkeitsmessgerät aufgestellt. Während einer Zeitspanne der Länge T misst er die Geschwindigkeiten aller Läufer, die während dieser Spanne den Messpunkt passieren. Herr K ist zufrieden, da er nun geistige Komplexität und körperliche Anstrengung wunderbar verringert hat. Anschließend berechnet er aus seinen gemessenen Geschwindigkeiten einfach das Arithmetische Mittel.

Was sagen Sie zu dieser Vorgehensweise?

Um Sie nicht länger im Ungewissen zu lassen: Das Arithmetische Mittel, errechnet aus den nur in der Zeitspanne T registrierten Laufgeschwindigkeiten, ist exakt das Eigengewichtsmittel *aller* Geschwindigkeiten.

Großartig: diese wunderbar filigranen Beziehungen zwischen den diversen Mitteln, oder?

Um einzusehen, warum hier das Eigengewichtsmittel ins Spiel kommt, möge man sich fragen, wie viele Läufer pro Stunde den festen Punkt P passieren, an dem die Geschwindigkeit gemessen wird. Ein hübscher Trick dafür ist es, sich hilfsweise den Punkt P als «Läufer» vorzustellen – als einen Läufer, der sich mit Geschwindigkeit 0 «bewegt». Dann sind die oben verwendeten Überlegungen eins zu eins übertragbar: Die Anzahl der mit Geschwindigkeit v Laufenden, die einen mit Geschwindigkeit 0 «Laufenden» pro Stunde überholen, ist durch $v - 0$ gegeben. Damit ist die Anzahl der Läufer mit Geschwindigkeit v, die den Geschwindigkeitsmesser bei P pro Stunde passieren, gerade v. Jede Geschwindigkeit v tritt also stündlich v-mal auf.

Das wiederum bedeutet: Alle Geschwindigkeiten müssen mit ihrem eigenen Gewicht bei der Mittelwertberechnung eingebracht werden. So stellt sich das Eigengewichtsmittel als Ergebnis ein.

Wir veranschaulichen diesen Tatbestand im folgenden Diagramm mit zwei verschieden schnellen Fahrzeugen:

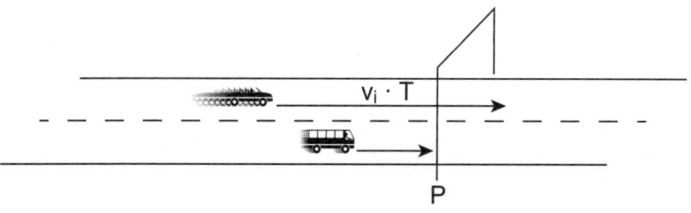

Geschwindigkeitsmessung

Abbildung 26: Durchschnittsgeschwindigkeit als gewichtetes Mittel

Vielleicht hilft zusätzlich diese Bemerkung: Vom Geschwindigkeitsmesser bei P werden mehr schnelle als langsame Läufer registriert. Denn die Wahrscheinlichkeit, dass ein Läufer den Messpunkt P passiert, ist proportional zur Strecke, die er pro Stunde zurücklegt. Und diese Strecke ist ihrerseits proportional zur Geschwindigkeit des Läufers. Die Menge aller vom Geschwindigkeitsmesser erfassten Geschwindigkeiten enthält damit die Häufigkeiten einer jeden Geschwindigkeit proportional zu deren eigener Größe. Und der Mittelwert all dieser proportional zur eigenen Größe gewichteten Geschwindigkeiten ist genau das Eigengewichtsmittel.

Damit beenden wir unsere ausgedehnte Fallstudie. In ihr haben wir unser gesamtes Sortiment verschiedener Mittelwerte aufgefahren, und einige der überraschenden Beziehungen zwischen ihnen treten darin auf.

Vielleicht stellt sich nach alledem bei Ihnen der Eindruck ein, dass die Idee der *Durchschnittlichkeit* alles andere als leicht zu erfassen ist. Kompetente, situationsgerechte Durchschnittsbildung erfordert tiefgehende Überlegungen und hat es in sich.

Und das ist noch nicht einmal alles, wie unser nächster Programmpunkt verdeutlicht. Er behandelt eine Allerweltsweisheit aus der wissenschaftlichen Datenanalyse. Doch in der breiten Bevölkerung ist diese nicht nur noch nicht angekommen, sondern trifft, wenn sie auftritt, auf ungläubiges Staunen. Es ist die unter Datenwissenschaftlern bekannte, sonst unbekannte Tatsache, dass bei Vergleichen verschieden stark gewichteter Mittelwerte ziemlich paradoxe Überraschungen erlebt werden können. Das hört sich recht abstrakt an, ist aber lebensnah.

Knobelzone

Xerxes, Yoshi und Zorro laufen jeden Tag 5 Kilometer miteinander. Im Monat März kam X häufiger vor Y im Ziel an, als Y vor X ankam. Und Y wiederum lief öfter vor Z durchs Ziel, als Z vor Y durchs Ziel lief.

Man kann also sagen: Im Saldo gewann X gegen Y, und Y gewann gegen Z.

Und hier die Frage: Ist es auch möglich, dass Z trotzdem gegen X gewann, also Z öfter vor X im Ziel ankam als X vor Z?   →

Lösung

Ja, es ist möglich.

Eine Tabelle, die genau das belegt, könnte für den Monat März mit 30 Tagen etwa so aussehen:

Zieleinlauf	Anzahl	X vor Y	Y vor Z	Z vor X
XYZ	8	8	8	0
XZY	2	2	0	0
YXZ	3	0	3	0
YZX	6	0	6	6
ZXY	7	7	0	7
ZYX	4	0	0	4
Gesamt	30	17	17	17

Also war tatsächlich Z insgesamt 17-mal vor X, und für X verbleiben nur $30 - 17 = 13$ Läufe, in denen er vor Z lag.

Wer also ist der beste Läufer?
Eine mögliche Schlussfolgerung: Es gibt keinen besten Läufer!

Von Geistlichen und Bergarbeitern

Bergarbeiter leben bei ihrer Tätigkeit bekanntermaßen weitaus gefährlicher als Geistliche. Wäre die Sterberate unter den Geistlichen also höher als unter den Bergarbeitern, so würde uns das sehr überraschen. In unserem nächsten Beispiel verhält es sich aber in der Tat so. Sie sehen, wir bleiben noch etwas bei gewichteten Mitteln und ihrer Beziehung zum richtigen Leben.

Um den hier zu machenden Punkt ins Trockene zu holen, seien zwei verschiedene Mengen von – allgemein gesprochen – irgendwelchen Objekten angenommen. Das können Bevölkerungsgruppen, Stadtteile, Firmen oder vieles andere mehr sein. Diese Mengen seien beide in die gleiche Zahl von Untergruppen aufgeteilt.

Dann kann folgender Effekt auftreten. Ein Mittelwert oder eine andere Kennzahl wie etwa ein Index, eine Quote oder ein Anteil kann in jeder Untergruppe der ersten Menge einen *kleineren* Wert haben als in den je zugehörigen Untergruppen der zweiten Menge, und dennoch kann dieser Mittelwert (Index etc.), wenn er für die gesamte erste Menge berechnet wird, einen *größeren* Wert haben als für die gesamte zweite Menge.

Diese Möglichkeit ist besonders leicht an einem zwar realitätsnahen, wenn auch fiktiven Zahlenbeispiel darstellbar. Es geht um die erwähnten Sterberaten unter Geistlichen und Bergarbeitern. Das sind die beiden Mengen. Wir teilen unsere beiden Mengen in verschiedene Altersklassen ein. Das sind die Teilmengen. Die Daten zeigt die folgende Tabelle. Vielleicht haben Sie Lust, die oben getroffenen Aussagen über das Verhalten der Sterberaten in Untergruppen und Gesamtgruppen zu überprüfen.

Alters- klasse		Geist- liche			Berg- arbeiter	
	Gesamt- zahl	davon Ge- storbene	Anteil	Gesamt- zahl	davon Ge- storbene	Anteil
bis 50 Jahre	100	10	0,10	600	80	0,13
ab 50 Jahre	900	540	0,60	400	280	0,70
Zusammen	1000	550	0,55	1000	360	0,36

Ein Ergebnis wie oben angeführt stellt sich ein, schaut man sich die Untergruppen der bis 50-Jährigen und der ab 50-Jährigen getrennt an: Sowohl bei den Jüngeren (Rate 0,10 versus 0,13) als auch bei den Älteren (Rate 0,60 versus 0,70) ist die Sterberate der Geistlichen *geringer*.

Wie ist es insgesamt? Die gesamtheitlichen Sterberaten der Geistlichen und auch der Bergarbeiter lassen sich aus der Tabelle oder alternativ durch Rechnung aus den Sterberaten der beiden Altersklassen durch Bildung gewichteter Arithmetischer Mittel bestimmen. Die Gewichte entnimmt man den Anteilen der Gesamtgruppen, die jeweils in beide Altersklassen fallen. Bei den Geistlichen sind 100 von 1000 Personen höchstens 50, bei den Bergarbeitern sind es 600 von 1000. Nach diesen Vorbereitungen werden die anschließenden Rechnungen selbsterklärend:

$$\text{Sterberate bei Geistlichen} = \frac{100}{1000} \cdot 0{,}10 + \frac{900}{1000} \cdot 0{,}60 = 0{,}55$$

$$\text{Sterberate bei Bergarbeitern} = \frac{600}{1000} \cdot 0{,}13 + \frac{400}{1000} \cdot 0{,}70 = 0{,}36$$

Das gewichtete Arithmetische Mittel kehrt die wahren Verhältnisse zwischen den Teilpopulationen ins falsche Gegenteil um. Statistiker sprechen vom Simpson'schen Paradoxon. In anderen Kontexten habe ich es schon bei früheren Gelegenheiten angesprochen. Doch kann es nicht schaden, ihm noch einmal die Ehre der Aufmerksamkeit zu erweisen, denn es ist wichtig genug und hinreichend kurios.

Wie sind die Rechnungen richtig zu deuten?

Wie lässt sich die Umkehrung der Verhältnisse bei Zusammenfassung der Altersklassen erklären?

Und wie verhält es sich wirklich mit den Sterberaten in diesen beiden Berufsgruppen?

Die Erklärung ist in folgender Richtung zu finden: Die Bergarbeiter sind meistens jünger. Eine Mehrheit von 60 Prozent der Bergarbeiter ist höchstens 50 Jahre alt. Aus diesem Grund wird für diese Untergruppe bei der Zusammenlegung der Teilgruppen die geringe Todesrate von 0,13 sehr stark gewichtet. Demzufolge dominiert sie bei der Mittelwertbildung.

Aber dennoch: Obwohl wir die Zahlen leicht berechnen und noch leichter vergleichen können und insofern die zugrunde liegende Mathematik ohne Weiteres verstehen, ist das Ganze ziemlich paradox. Was uns die Zahlen an Output liefern, mal separat und mal kombiniert, passt nicht zusammen. Da das eine das Gegenteil vom anderen ist, könnte man leicht ratlos werden. Oder nicht?

Es ist etwa so, als kaufe jemand in zwei verschiedenen Läden je ein T-Shirt und je eine Hose, wobei T-Shirt und Hose im Geschäft *Billig* zwar jeweils günstiger sind als im Geschäft *Teuer*, der zu entrichtende Gesamtpreis für beide Kleidungsstücke in Geschäft *Billig* aber höher wäre als in Geschäft *Teuer*. Dann verstünde man die Welt nicht mehr. Und so ist es bei den Sterberaten auch ein bisschen.

Das Paradoxon wurde zwar auf dem Reißbrett konstruiert, doch kann es auch in den Nischen des täglichen Lebens ohne Vorankündigung oder Warnsignal auftreten. Zum Beispiel bei Kriminalitätsraten (Ausländer versus Deutsche), Geburtenanteilen (ländlich versus urban), Schulleistungsmittelwerten (Mädchen versus Jungen), Behandlungserfolgsquoten (operativ versus konservativ). Es kann generell auftreten bei Vergleichen von Raten, Quotienten, Prozenten, Proportionen, Anteilen, Wahrscheinlichkeiten und Mittelwerten. Also ziemlich oft.

Und die Moral von der Geschichte: Wenn ein Ganzes in verschiedene Teile geteilt wird, können die Eigenschaften der Teile ganz andere sein als die des Ganzen als Summe der Teile. Und auf welche Weise wir das Ganze zerteilen, kann dabei sehr viel ausmachen.

Mehr vom Simpson'schen Paradoxon

Ein Student kommentierte es einmal so: «Ich verstehe die Rechnung, aber es kommt mir total widersinnig vor.»
Recht hat er. Man könnte das, was vor sich geht, unter dem Motto

Gut + Gut = Schlecht

subsumieren. Und das klingt tatsächlich widersinnig.

Mein Gefühl sagt mir, dass Sie mit dem Simpson'schen Paradoxon noch nicht ganz im Reinen sind. Oder vielleicht sogar auf Kriegsfuß stehen. Mag sein, dass Sie die Zahlen überprüft und als korrekt befunden haben. Aber intuitiv kommt es Ihnen immer noch so vor, als dürfe das eigentlich unter Zahlen nicht vorkommen. Ein weiteres Beispiel kann hier weitere Aufklärungsarbeit leisten.

Dieses Beispiel dreht sich thematisch um die Bewerbungssituation an einer Universität. Die Zahlen sind klein und rund gehalten, damit die Rechnungen leicht und übersichtlich bleiben.

An einer Universität bewerben sich 1000 Männer und 1000 Frauen. Von den Frauen werden 530 fürs Studium angenommen und 470 abgelehnt. Von den Männern werden 640 zugelassen und nur 360 abgelehnt. Das ist ein erheblicher Unterschied. Die Universität sieht sich mit einer Diskriminierungsklage konfrontiert, da sie wesentlich mehr Männer als Frauen aufgenommen hat.

	Frauen	Männer
Zahl der Bewerbungen	1000	1000
Zahl der Ablehnungen	470	360
Anteil der Ablehnungen	0,47	0,36

INC.

"Are all of these letters of recommendation from your mother?"

Abbildung 27: «Sind alle diese Empfehlungsschreiben von Ihrer Mutter?» Cartoon von Aaron Bacall

Wie würden Sie als Richter diese Klage entscheiden?

Wie ist der Sachverhalt einer möglichen Ungleichbehandlung der Geschlechter an dieser Universität zu beurteilen?

Die Zahlen scheinen ja eindeutig. Doch man muss vorsichtig sein und sollte vorschnelle Schlüsse vermeiden. In der Tat reicht unser Kenntnisstand für eine Bewertung nicht aus. Die behauptete Ungleichbehandlung kann wahr sein, sie muss aber nicht wahr sein. Noch ist beides möglich.

Die reinen, unaufgeschlüsselten Zulassungszahlen sind für eine objektive Einschätzung zu wenig detailliert. Ich möchte Ihnen zeigen, warum.

Schauen wir uns das Geschehen nach verschiedenen Bereichen gestaffelt an. Sagen wir, für *Naturwissenschaften* (NW) und *Geisteswissenschaften* (GW) getrennt.

Zahlen & Anteile	Frauen	Männer
Zahl der Bewerbungen NW	100	800
Zahl der Bewerbungen GW	900	200
Zahl der Zulassungen NW	80	560
Zahl der Zulassungen GW	450	80
Bewerbungsanteil NW	10 %	80 %
Bewerbungsanteil GW	90 %	20 %
Zulassungsquote NW	80 %	70 %
Zulassungsquote GW	50 %	40 %
Gesamtzahl der Zulassungen	530	640
Zulassungsquote	53 %	64 %

Aus dieser Aufschlüsselung geht hervor – und zwar nach dem bisher Bekannten überraschenderweise –, dass weder in den naturwissenschaftlichen Fächern noch in den geisteswissenschaftlichen Fächern Frauen bei der Zulassung benachteiligt wurden. Im Gegenteil: Die Zulassungsquoten weisen sogar aus, dass in beiden Gebieten die Frauen gegenüber den Männern prozentual bevorzugt wurden.

Dieser Effekt stellt sich deshalb ein, weil die Bewerbungszahlen von Frauen und Männern für beide Bereiche sehr unterschiedlich sind: Frauen haben sich verstärkt in den schwer zugänglichen Fachgebieten beworben (GW), die eine geringe Zulassungsquote aufweisen (nur 450 plus 80 von 900 plus 200 Bewerbungen wurden zugelassen). Die Männer hatten sich mehrheitlich in leichter zugänglichen Gebieten beworben (NW) mit höherer Zulassungsquote (80 plus 560 von 100 plus 800 Bewerbungen wurden zugelassen).

Immer dann, wenn es sich um verschiedenartige statistische Gruppen handelt (Frauen und Männer, Raucher und Nichtraucher, Land- und Stadtbevölkerung) mit unterschiedlichen Eigenschaften bei einer Merkmalsgröße und mehreren Möglichkeiten für die Detailliertheit der Analyse, ist das geboten, was man bei der Datendeutung immer walten lassen sollte: Vorsicht.

Denn dann geht es nicht mehr nur um die Zahlen allein und nicht mehr nur um objektive mathematische Methoden zur Informationsgewinnung aus Zahlen. Dann muss eine kompetente Datendeutung auch fachspezifische und mitunter sogar bis ins Philosophische hineinreichende Gesichtspunkte einbeziehen.

Jedenfalls ist bei Datensätzen, die sich verschieden detailliert aufschlüsseln lassen und auf mehreren Ebenen untersucht werden können, interpretatorischen Kontroversen Tür und Tor geöffnet.

Das fängt schon bei Banalem an: Ein Autohändler reduziert vor dem Monatsende die Preise aller Fahrzeuge um 20 Prozent, und dennoch steigt gerade deshalb der Durchschnittspreis pro verkauftem Fahrzeug an.

Und es setzt sich fort ins weniger Banale bis hin zu Fragen möglicher Benachteiligung von Frauen, Schwarzen, Ostdeutschen, Behinderten ...

Verschieden detaillierte Betrachtungen ein und derselben Fragestellung an ein und demselben Datensatz sind auch beim aktuellen Bewerbungsbeispiel möglich. Auch hier bieten sich mehrere plausible Aufschlüsselungsebenen an. Damit ist gemeint: Die begonnene Analyse der Zulassungszahlen kann weiter fortgesetzt werden. Nichts hindert, die Sache weiter auszudifferenzieren und dabei nochmals tiefer zu schürfen.

Nehmen wir nur einmal die Geisteswissenschaften ins Visier. Wir hatten bereits festgestellt, dass die Frauen gegenüber den Männern nicht nur nicht benachteiligt, sondern bevorzugt wurden. Diese Aussage gilt aber für die Geisteswissenschaften als Ganzes. Die Zulassungsquote der Frauen lag in den Geisteswissenschaften bei 50 Prozent, die der Männer bei 40 Prozent.

Daran anknüpfend, wollen wir investigativ jetzt weiterrecherchieren:

Die Universität biete nur zwei geisteswissenschaftliche Fächer an, nämlich Anglistik und Germanistik. Angenommen, die 900 Bewerbungen von Frauen und 200 Bewerbungen von Männern mit insgesamt 450 weiblichen und 80 männlichen Zugelassenen für diesen Bereich verteilen sich auf die beiden Studienfächer wie folgt:

	Frauen		Männer	
Fach	**Bewerbungen**	**Zugelassene**	**Bewerbungen**	**Zugelassene**
Anglistik	600	400 (67 %)	50	40 (80 %)
Germanistik	300	50 (17 %)	150	40 (27 %)
GW Gesamt	900	450 (50 %)	200	80 (40 %)

Das sind die Zahlen. Was ist über sie zu sagen?

Man sehe, verstehe und staune. Wiederum hat sich das Ergebnis, jetzt also schon zum zweiten Mal, gänzlich umgekehrt. Sowohl in der Anglistik als auch in der Germanistik ist der Prozentsatz zugelassener Männer höher als jener der zugelassenen Frauen. Und das, obwohl für die Geisteswissenschaften als Ganzes, addiert aus den Zahlen beider Fächer, sich genau das gegenteilige Bild ergeben hatte. Auf dieser Detailebene ist es wieder so, dass Männer bevorzugt wurden.

Demnach war der zuerst gezogene Schluss in diesem fiktiven Beispiel doch korrekt. Das stimmt schon. Aber die angemessene Analysestufe, um dies tatsächlich zu belegen, ist die fachspezifische auf der Ebene der einzelnen Disziplinen.

Was für ein seltsames Hin und Her der Schlussfolgerungen, die wild in verschiedene Richtungen aus- und wieder umschlagen! Auch ins Konträre. Kein Wunder, dass es so schwer ist, die Dinge dieser Welt richtig zu deuten. Bisweilen, wie auch hier, haben wir es mit einem mehrschichtigen Paradoxon zu tun.

Rund um die Zweigeschlechtlichkeit

Das schwächere Geschlecht ist das stärkere wegen der Schwäche des stärkeren für das schwächere.

Greta Garbo

Wie gerade erlebt, kann sich Simpsons Paradoxon auf jeder von mehreren möglichen Ebenen der Datenzusammenfassung, also auf jeder Detailebene, einstellen. Das bedeutet: Eine festgestellte Beziehung auf einer Ebene kann real oder nur künstlich sein. Ein beobachteter Zusammenhang auf einer bestimmten Ebene muss sich beim Übergang zu einer anderen Ebene nicht unbedingt bestätigen. Er kann auch annulliert werden oder sich sogar ins Gegenteil verkehren.

In diesen Fällen hängt es bei der Analyse von Beobachtungsdaten ganz entscheidend von der Wahl der Aggregierungsebene ab, ob ein tatsächlich vorliegender Effekt überhaupt bemerkt wird. Und wenn man ihn bemerkt, dann ist die nächste Frage, *wie* man ihn bemerkt: Wird die wahre Richtung der Beziehung zwischen einzelnen Untergruppen registriert oder aber eine falsche, von den Daten nur vorgegaukelte?

Konstellationen vom beschriebenen Typ machen eine genaue Analyse von Daten sehr anspruchsvoll. Gerade bei der Untersuchung von Ursache-Wirkungs-Beziehungen, von Ursächlichkeiten und ihren Folgen, und beim Ziehen kausaler Schlüsse begibt man sich auf ein hochgradig vermintes Gelände.

Auch juristisch kompliziert

Unter unmittelbarer Ursächlichkeit ist das Hervorrufen von Folgen durch unmittelbare Folgen eines Ereignisses oder Zustands zu verstehen.

Erläuterung zum deutschen Ursächlichkeitsgesetz

Im Lichte dieser Verhältnisse ist seriöse und kompetente Datenanalyse, also das Extrahieren von realen Zusammenhängen aus realen Daten, eine ausgesprochen anspruchsvolle geistige Kunstform.

Das Geburtsgewichtsparadoxon

Durch Studien ist belegt, dass Neugeborene, deren Mütter Raucherinnen sind, im Mittel ein geringeres Geburtsgewicht aufweisen. Das ist seit langem bekannt. Ferner ist bekannt, dass unter Neugeborenen mit unterdurchschnittlichem Geburtsgewicht die Sterblichkeit überdurchschnittlich hoch ist. Die Sterblichkeitsrate ist dabei definiert als die Anzahl der gestorbenen Säuglinge im 1. Lebensjahr pro 100 000 Lebendgeburten.

In mühevoller Arbeit hat ein US-amerikanisches Team von Epidemiologen Daten über alle Geburten eines Jahrgangs zusammen- →

---

getragen, und zwar für das Jahr 1991 in den USA. Von allen 3 001 621 lebend geborenen Kindern in diesem Jahr in den USA wurden Geburtsgewicht und Rauchgewohnheiten der Mütter so genau und vollständig wie möglich erhoben. Zu diesem Thema gab es nie zuvor eine Untersuchung mit einem ähnlich berechtigten Vollständigkeitsanspruch.

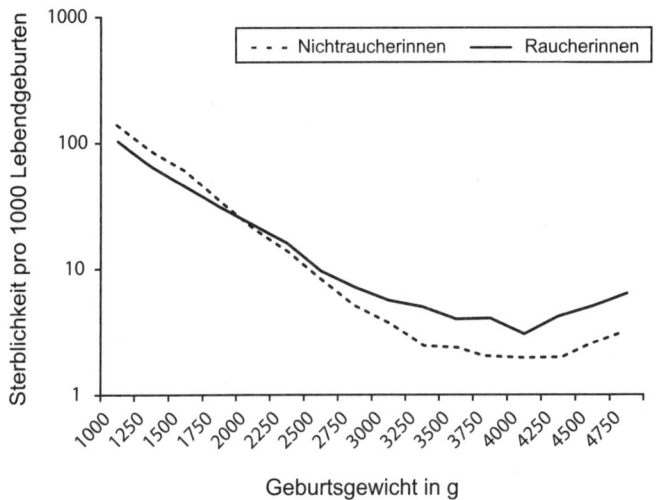

Abbildung 28: Neugeborenensterblichkeit pro 1000 Lebendgeburten in Abhängigkeit vom Geburtsgewicht, aufgeschlüsselt nach rauchenden und nichtrauchenden Müttern

Für die Neugeborenen rauchender Mütter lag das Geburtsgewicht im Mittel bei 3145 Gramm und die Sterblichkeitsrate bei 1235 pro 100 000. Insgesamt 11,4 Prozent dieser Kinder wogen bei der Geburt unter 2500 Gramm.

Für die Neugeborenen nichtrauchender Mütter lag das Geburtsgewicht im Mittel bei 3370 g und die Sterblichkeitsrate bei 205 pro 100 000. Insgesamt 6,4 Prozent dieser Kinder wogen bei der Geburt unter 2500 Gramm.   →

Folglich nahm sowohl bei den rauchenden Müttern als auch bei den nichtrauchenden Müttern die Sterblichkeitsrate ihrer Neugeborenen mit abnehmendem Geburtsgewicht zu.

Zudem zeigt die Grafik noch diesen Effekt: Die Kurve der geburtsgewichtabhängigen Sterberaten für die Neugeborenen rauchender Mütter kreuzte die entsprechende Kurve für Neugeborene nichtrauchender Mütter im Gewichtsbereich 2000 Gramm–2250 Gramm.

Das bedeutet: Für Babys mit weniger als 2000 Gramm Geburtsgewicht ist die Sterblichkeit höher in der Gruppe nichtrauchender (!) Mütter. Seltsam, oder?

Das Phänomen wird Geburtsgewichtsparadoxon genannt.

Wie ist es zu erklären?

Zweifellos benötigen wir eine detailliertere Datenanalyse.

Noch relativ am einfachsten lässt sich diese folgendermaßen vornehmen: Die Verteilung der Geburtsgewichte der Neugeborenen ist im Falle rauchender Mütter tendenziell in Richtung kleiner Geburtsgewichte verschoben. Ansonsten gesunde Kinder, die mehr wiegen würden, wenn ihre Mütter in der Schwangerschaft nicht geraucht hätten, bleiben hinter dem Durchschnittsgewicht zurück. Diese Kinder haben aber, da sie eben anderweitig gesund sind, eine geringere Sterblichkeitsrate als Neugeborene, die aus anderen medizinischen Gründen, etwa wegen spezieller Krankheiten, untergewichtig sind. Rauchende Mütter gebären also – grob gesprochen – zwar leichtere, nicht aber wesentlich anfälligere Babys. Das erklärt den Verlauf der Kurven in der Grafik.

Als Resümee mag man festhalten: Rauchen bei werdenden Müttern hat eine negative Wirkung auf ihre Kinder. Es senkt im Schnitt das Geburtsgewicht ihrer Kinder. Doch andere kausale Ursachen, die ebenfalls ein geringeres Geburtsgewicht bewirken, also bestimmte Krankheiten, sind im Mittel für die Neugeborenen noch schädigender. Sie erhöhen deren Sterblichkeitsraten noch stärker.

So lässt sich das Paradoxon auflösen.

Wo wir gerade bei der Medizin sind. Die Medizin ist für unsere Zwecke eine große Themenspenderin. Beispielsweise kann bei Wirksamkeitsvergleichen ein Medikament A gegenüber einem Medikament B in allen behandelten Patientengruppen wirksamer sein, aber in der Gesamtgruppe aller Patienten kann B besser wegkommen als A.

Es tritt dann der kuriose Fall ein, dass Medikament B zwar global eine überwiegend bessere Wirkung zeigt als Medikament A, aber in jeder behandelten Patientengruppe (etwa Frauen und Männer separat betrachtet) eine überwiegend schlechtere Wirkung als Medikament A hat.

Und bei abermaliger Aufspaltung der Teilgruppen in noch kleinere Untergruppen (z. B. rauchende Männer, rauchende Frauen, nichtrauchende Männer, nichtrauchende Frauen separat betrachtet) zeigt Medikament B in allen vier Gruppen erneut eine überwiegend bessere Wirkung als Medikament A.

Nicht erst an dieser Stelle meldet sich die Frage: Wirkt Medikament B dann besser als A, oder wirkt A besser als B, oder sind beide gleich wirksam? Deutung versus Deutung!

Was soll man aus dieser Kette konträrer Ergebnisse folgern? Und wie soll man die getroffene Schlussfolgerung gegenüber Kritikern vertreten, die genau das Gegenteil behaupten? Und dieses mit denselben Zahlen, nur anders zusammengefasst, belegen können?

Es ist hier wichtig, einen Satz zu schreiben: Aus den Zahlen allein lässt sich oft nicht begründen, welcher Grad der Aufgliederung der Daten der richtige ist, um zutreffende Schlüsse aus ihnen zu ziehen. Oder anders: Daten brauchen Deutung, sie verstehen sich nicht von selbst.

Bleibt erläuternd anzumerken, dass zur Klärung der Frage nach dem richtigen Grad der Ausdifferenzierung in der Regel Fachwissen aus der beteiligten Disziplin einzusetzen ist. Jedenfalls gibt es kein statistisches, allein datenimmanentes Kriterium, das es erlaubt, die angemessene Detailebene zu bestimmen.

Damit sind wir zwar einen Schritt vorangekommen. Doch auch in punkto neue Schwierigkeiten, die sich uns in den Weg stellen. Auch die Verwendung von Fachwissen kann nämlich zusätzliche Probleme mit sich bringen. Das wird schon an etwas so Lapidarem wie dem simplen Münzwurf deutlich:

Eine Münze wird geworfen. Das ist Physik. Ohne weiteres Wissen über die physikalischen Bedingungen, unter denen der Wurf stattfindet, lässt sich für die Ausfälle *Kopf* oder *Zahl* vorab jeweils die Wahrscheinlichkeit 50 Prozent ansetzen. Hat man jedoch genaue Informationen über Abwurfgeschwindigkeit, Rotationsfrequenz, Wurfhöhe usw., wird der zu erwartende Ausgang des Münzwurfs physikalisch-mathematisch genauer prognostizierbar. Es mag etwa sein, dass der Münzwurf unter den bezeichneten Bedingungen nun mit Wahrscheinlichkeit von 90 Prozent als *Kopf* ausgeht.

Der im Münzwurf ursprünglich vorhandene Gehalt an Zufälligkeit hat sich durch die zusätzlichen Informationen geändert: Wissen kann Zufälligkeit verändern. Manchmal wird die Zufälligkeit durch mehr Wissen modifiziert, im Extremfall kann sie sogar eliminiert werden.

Gibt man einem Computer präzise Informationen über allerlei physikalische Größen des Münzwurfs sowie auch über physikalische Gesetzmäßigkeiten ein, wird er den Ausgang des Wurfs – *Kopf* oder *Zahl* – genau vorhersehen können.

Was ich damit sagen will, ist dies: Informationen beeinflussen den Zufall. Deshalb wirken sie sich darauf aus, wie zufallsbehaftete Daten interpretiert werden müssen.

Hellgrau gegen Dunkelgrau

Wir haben das Simpson'sche Paradoxon deshalb so genau beschrieben, weil es im Umgang mit Daten immer wieder zu Denkfehlern führt. Selbst in unsere frühere Diskussion der Geschwindigkeitsmittelwerte spielt es hinein. Auch dort kann es gehörig Verwirrung stiften, was ich Ihnen kurz zeigen möchte.

Wir wollen uns dafür einen mustergültigen Fall vornehmen. Zu dessen Verständnis trägt es bei, wenn das Wesentliche grafisch aufbereitet wird.

Es reicht dafür schon ein einfaches Achsensystem. Die Rechtsachse symbolisiere die Zeit, die Hochachse den Weg. Wenn ein Auto für eine Strecke s die Zeit t benötigt, dann kann es in diesem Achsensystem durch einen Punkt dargestellt werden. Dazu muss man s auf der Hochachse markieren und t auf der Rechtsachse. Der Punkt für das Auto muss dann genau senkrecht oberhalb von t und genau waagerecht rechts neben s platziert werden. In diesem Schnittpunkt gibt es nur einen einzigen Punkt. Es ist der Punkt P in Abbildung 29.

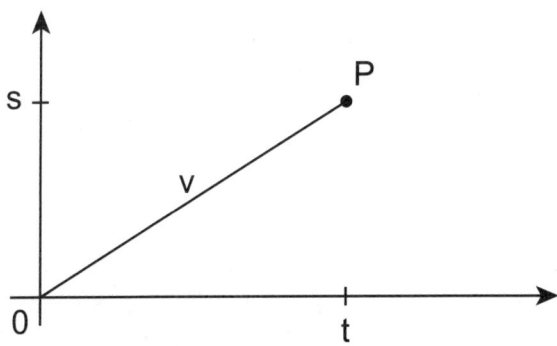

Abbildung 29: Weg-Zeit-Diagramm eines Autos

Das Auto ist mit einer gewissen Geschwindigkeit gefahren. Sagen wir, es war immer gleich schnell unterwegs, immer mit derselben Geschwindigkeit. Wenn das Auto für die Strecke s die Zeit t benötigt hat, dann kann man aus diesen beiden Angaben die Geschwindigkeit errechnen. Mathematisch gesehen ist die Größe Geschwindigkeit ein Bruch aus gefahrener Strecke s und dafür benötigter Zeit t, also $v = s/t$. In der Grafik ist das durch die Steigung der eingezeichneten Linie zum Punkt *P* veranschaulicht. Wenn diese Linie steil ist, dann war die Geschwindigkeit des Fahrzeugs groß. Je steiler, desto größer die Geschwindigkeit. Wenn das Auto mal schneller und mal langsamer gefahren ist, erhält man durch den Bruch *s/t* die Durchschnittsgeschwindigkeit während der Zeit *t*.

Das zu wissen reicht schon aus, um die in Schaubild 30 erfasste Situation zu begreifen:

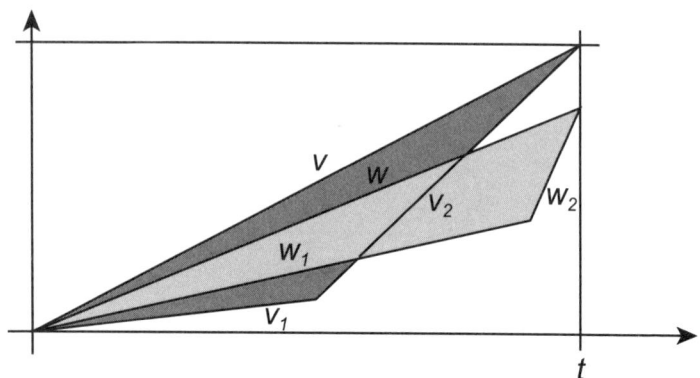

Abbildung 30: Weg-Zeit-Diagramme zweier Autofahrer

Dargestellt sind die Fahrten zweier Autofahrer. Nennen wir sie in selbsterklärender Weise *Hellgrau* und *Dunkelgrau*. Sie fahren verschiedene Strecken jeweils gleichmäßig schnell, aber mit verschiedenen Geschwindigkeiten. Zur Grafik würde folgende Geschichte passen:

Der Fahrer Dunkelgrau fährt zunächst eine gewisse Zeit mit 40 km/h, anschließend eine gewisse Zeit mit 80 km/h. Ein anderer Fahrer Hellgrau fährt eine gewisse Strecke mit 50 km/h, anschließend eine gewisse Strecke mit 90 km/h. Die Gesamtfahrzeit ist bei beiden Herren dieselbe. Doch der auf beiden Abschnitten langsamer (!) fahrende Wagenlenker – Herr Dunkelgrau – legt in der Gesamtzeit t die längere (!) Strecke zurück. Er hat deshalb die größere (!) Durchschnittsgeschwindigkeit.

Das Ganze scheint wiederum paradox. Da Sie wahrscheinlich seit langer Zeit selbst Verkehrsteilnehmer sind und deshalb so manches über Geschwindigkeiten und Zeiten und Wege wissen, kommt Ihnen das vielleicht ziemlich falsch vor. Doch hier sind die Zahlen als Beleg:

Fahrer *Dunkelgrau:* Eine Stunde mit 40 km/h, anschließend zwei weitere Stunden mit 80 km/h, ergibt in drei Stunden 200 zurückgelegte Kilometer und eine Durchschnittsgeschwindigkeit von rund 67 km/h.

Fahrer *Hellgrau:* Zwei Stunden mit 50 km/h, danach eine weitere Stunde mit 90 km/h, ergibt in drei Stunden 190 zurückgelegte Kilometer und eine Durchschnittsgeschwindigkeit von rund 63 km/h.

Sie sehen also: Es war kein rechnerischer Bluff. Sondern nichts als die Wahrheit.

Die mittleren Geschwindigkeiten beider Fahrer lassen sich noch anders erfassen. Das führt uns zu einer weiteren Art der Mittelwertfindung. Ich glaube, Sie werden daran Gefallen finden. Es hat nämlich etwas von einem arithmetischen Über-die-Stränge-Schlagen, was man vielleicht schon immer mal ungestraft tun wollte. Es ist die mathematische Version von Sichaustoben.

Also dann, brechen wir gemeinsam ein mathematisches Tabu. Inspizieren wir dazu die Fahrweise von Fahrer *Dunkelgrau:* In einer Stunde 40 zurückgelegte Kilometer, in zwei weiteren Stunden dann noch 160 Kilometer mehr. Das sind 200 Kilometer in drei Stunden. Um die mittlere Geschwindigkeit zu berechnen, muss man diese 200 durch 3 teilen. Das sind 66,7 Stundenkilometer. Im Saldo kann man es festhalten mit der griffigen Rechnung

$$\frac{40}{1} + \frac{160}{2} = \frac{200}{3} = 66{,}7 \text{ km/h.}$$

In Worten: 40/1 Stundenkilometer in der ersten Stunde addieren sich mit 160/2 Stundenkilometer in den nächsten zwei Stunden zu $(40 + 160)/(1 + 2) = 200/3 = 66{,}7$ Stundenkilometern Durchschnitt für die ganzen drei Stunden.

Was ist zu dieser Rechnung zu sagen?

Schauen wir genau hin: Das Symbol + in obiger Zahlenzeile ist nicht die aus der Schule vertraute Addition zweier Brüche. Denn dann würde auf der rechten Seite nicht 66,7 stehen müssen, sondern 120 km/h. Wir haben es hier also nicht mit der gebräuchlichen Addition zu tun. Eher ist es eine neue Art der Verrechnung, bei der aus zwei Brüchen ein neuer Bruch entsteht, indem man jeweils die beiden Zähler und die beiden Nenner zusammenzählt. Denn 40 plus 160 ist 200, und 1 plus 2 ist 3.

Durchschnittsgeschwindigkeiten sind zwar Brüche, sofern man sie aber «addiert», verhalten sie sich nicht so, wie sich Brüche bei der uns vertrauten Addition verhalten. Vielmehr muss man eine besondere Form von Verrechnung der Werte vornehmen. Das Ergebnis dieser Operation hat einen eigenen Namen: Man nennt es *Ampère'sches Mittel*.

Man sollte für diese Operation das normale Pluszeichen + nicht mehr verwenden. Es würde nur verwirren. Führen wir also munter ein neues Zeichen ein. Der Kreativität sind keine Grenzen gesetzt. Wollen wir dafür das schöne Symbol ⊕ wählen?

Abgemacht! Und halten wir fest: Das neue Symbol steht von nun an für die folgende Verknüpfung zweier beliebiger Brüche *a/b* und *c/d:*

$$\frac{a}{b} \oplus \frac{c}{d} = \frac{a + c}{b + d}$$

Scheinbar ist es so, als würde man zwei Brüche *a/b* und *c/d* fälschlich «addieren», indem man «Zähler plus Zähler» durch «Nenner plus Nenner» teilt. Und an dieser Stelle sehen Sie das, was ich zuvor als Tabubruch bezeichnet habe. Denn eigentlich haben wir damit einen uns aus der Grundschule bekannten Schülerfehler begangen. So darf man Brüche normalerweise natürlich nicht addieren. Brüche jedoch, die Durchschnittsgeschwindigkeiten symbolisieren, *muss* man zwecks «Addition» genau so miteinander verrechnen. Alles andere wäre falsch.

Die neue Verrechnungsweise ist auch noch in anderen Kontexten sinnvoll:

Wenn eine Fußballmannschaft in der Hinrunde ein Torverhältnis von 34 : 26 hat und in der Rückrunde von 38 : 30, dann ist das Torverhältnis am Ende der Saison das Ampère-Mittel dieser beiden Brüche 34/26 und 38/30, nämlich (34+38) : (26+30), also 72 : 68.

"Division is just like addition except you have to use a different button on the calculator."

Abbildung 31:
«Division ist genau wie Addition, außer dass du eine andere Taste auf dem Taschenrechner drücken musst.» Cartoon von Aaron Bacall

Ganz so wie bei den anderen Mitteln liegt auch der Zahlenwert, den das Ampère'sche Mittel liefert, immer zwischen den beteiligten Brüchen a/b und c/d. Allerdings nicht genau in der Mitte zwischen beiden, wo bekanntlich das Arithmetrische Mittel liegt. Insofern handelt es sich auch hierbei um eine Form von Mittelbildung, aber nicht um arithmetische Mittelbildung.

Heiraten auf dem Lande: Mehr Ampère

In einem Dorf sind zwei Drittel der erwachsenen Männer mit fünf Achteln der erwachsenen Frauen verheiratet. Welcher Anteil der erwachsenen Bevölkerung ist verheiratet?

Die Frage gibt Gelegenheit zu einem möglichen Fehler: Die Antwort ist nicht das Arithmetische Mittel der Anteile 2/3 und 5/8.
Sondern?
Dass die Antwort anders lautet, lässt sich bei geeigneter Aufbereitung optisch ablesen. Will man die verfügbare Information visuell repräsentieren, ist sie besonders leicht verständlich, wenn dies so geschieht:

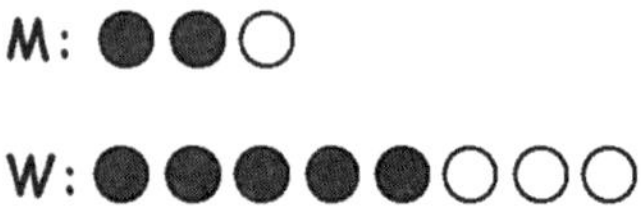

M: ●●○

W: ●●●●●○○○

Abbildung 32: Heiratsanteile unter der männlichen und weiblichen Bevölkerung. Dunkle Kreise bezeichnen Verheiratete, weiße sind Unverheiratete

Dann sieht man sofort, dass zwei von drei Männern und fünf von acht Frauen im Dorf verheiratet sind, oder anders, aber stets gleichbedeutend ausgedrückt:
4 von 6 Männern
6 von 9 Männern
8 von 12 Männern
10 von 15 Männern
12 von 18 Männern sind verheiratet
usw.

Entsprechend:
10 von 16 Frauen
15 von 24 Frauen
20 von 32 Frauen sind verheiratet
usw.   →

Die Aussagen verwenden verschiedene Zahlen und unterscheiden sich insofern äußerlich. Nicht aber inhaltlich: Sie repräsentieren alle jeweils dieselben Anteile verheirateter Männer bzw. Frauen. Aus einigen dieser Aussagen können wir die Antwort auf unsere Ausgangsfrage sehr schnell ablesen.

Sehen Sie selbst: Im nächsten Bild habe ich die Heiratsverhältnisse dargestellt für 15 Männer, von denen 10 verheiratet sind (10 dunkle Kreise in der oberen Zeile), und für 16 Frauen, von denen ebenfalls 10 verheiratet sind (10 dunkle Kreise in der unteren Zeile).

Verheiratetsein ist konventionell ein Zustand zwischen einem Mann und einer Frau. Gehen wir altmodischerweise auch hier einmal davon aus. Damit es zu einer Zuordnung kommt, die aufgeht, muss die Anzahl dunkler Kreise in den Darstellungen beider Geschlechter gleich sein. Denn ganz egal, wie viele Menschen heiraten, wir haben genauso viele verheiratete Männer wie verheiratete Frauen darunter. Das ist in Abbildung 33 verdeutlicht.

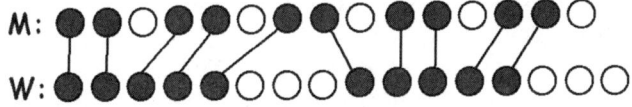

Abbildung 33: Verheiratete und Nichtverheiratete Männer und Frauen

Für unsere Zwecke kommen wir also am besten zurecht mit diesen beiden Versionen der Aussagen:

10 von 15 Männern sind verheiratet

und

10 von 16 Frauen sind verheiratet

Dann passen die 10 verheirateten Männer genau zu den 10 verheirateten Frauen. Dem ist unmittelbar zu entnehmen, dass 10 + 10 von 15 + 16, also 20 von 31, Erwachsene im Ort verheiratet sind, was zum Anteil 20/31 führt. →

Der letzte Schritt kommt uns bekannt vor: Genau besehen, wurde das Ampère'sche Mittel der Brüche 10/15 und 10/16 gebildet.

Wir fassen zusammen: Ausgehend von den genannten Anteilen (2/3 verheiratete Männer und 5/8 verheiratete Frauen), finden wir die Lösung durch Ampère'sche Mittelbildung, wenn vorher die Brüche so erweitert werden, dass deren Zähler gleich sind: 2/3 wird durch Malnehmen von Zähler und Nenner mit der Zahl 5 zu 10/15 erweitert, und 5/8 wird durch Malnehmen von Zähler und Nenner mit der Zahl 2 zu 10/16 erweitert.

Das Ampère'sche Mittel hat noch viele andere Eigenschaften, die alle der Rede wert wären. Aber eine wichtige Eigenschaft hat es nicht. Im Mathematiker-Slang heißt diese Eigenschaft Monotonie.

Das Arithmetische Mittel hingegen besitzt diese Eigenschaft: Die Monotonie-Eigenschaft des Arithmetischen Mittels besagt, dass aus den beiden Beziehungen *x ist kleiner als X* und *y ist kleiner als Y* auf die Beziehung $(x + y)/2$ *ist kleiner als* $(X + Y)/2$ geschlossen werden kann. So würden es Mathematiker ausdrücken, aber wir können es auch so sagen und uns leichter merken: Werden zwei Zahlen vergrößert, so vergrößert sich auch ihr Arithmetisches Mittel.

Beim Ampère'schen Mittel ist dies nicht zwingend der Fall. Wenn die zu mittelnden Brüche größer werden, kann ihr Ampère'sches Mittel unter Umständen sogar kleiner werden.

Damit haben wir den Finger auf die entscheidende Stelle gelegt: Diese kauzige Eigenheit des Verdrehens von «größer» und «kleiner» beim Ampère-Mittel ist letztlich Kern und Ursache des Simpson'schen Paradoxons.

Und die Moral?

Da das Ampère-Mittel auch im Sport bei der Verknüpfung von Teilergebnissen zu einem Endergebnis eine Rolle spielt, lässt sich die Widersinnigkeit besonders schön mit dem folgenden sportiven Merkspruch erfassen:

Es ist möglich, lokal stets zu verlieren und dennoch global schließlich zu gewinnen.

Oder martialischer:

Es ist möglich, jede Schlacht zu verlieren und dennoch den Krieg zu gewinnen.

Und umgekehrt.

In der Welt der Daten und Datendeutung haben diese Absonderlichkeiten erhebliches Verwirrungspotential. Menschen, die in Zahlen und Daten weniger versiert sind, erscheinen diese Möglichkeiten der Beziehung zwischen Gesamtheit und ihren Teilen oftmals schier unglaublich.

Aber Sie, verehrter Leser, sind nach unserer ausschweifenden Diskussion nun in der Lage, dieses Paradoxon gedanklich aufzulösen, da Sie Daten unter ganz neuen Perspektiven betrachten können und nicht mehr nur auf einen Blickwinkel fixiert sind.

Knobelzone

Fixierung, die: Unfähigkeit, ein Problem aus einer neuen Perspektive zu sehen. Hemmnis beim Problemlösen.

Ein Zündholzproblem als Beispiel:

Wie kann man 6 Zündhölzer so anordnen, dass sie 4 gleichseitige Dreiecke bilden?

Hinweis: Fixieren Sie sich nicht zu sehr auf 2 Dimensionen.
Antwort: Gehen Sie in 3-D!
Konkrete Lösung: →

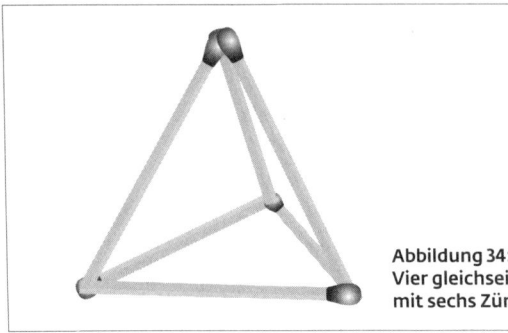

Abbildung 34:
Vier gleichseitige Dreiecke
mit sechs Zündhölzern

Der Rede wert

Vielleicht sind Sie nach dem Gesagten der Meinung, das Simpson'sche Paradoxon könne lediglich unter Laborbedingungen oder auf dem Reißbrett auftreten. Es trete nur bei zwar raffiniert, aber letztlich künstlich fabrizierten Daten auf, nicht aber im richtigen Leben. Das Leben sei eindeutig und erzeuge nicht diese verwirrenden Verkehrungen ins Gegenteil, wenn man von Teilen zum Ganzen übergeht. Im Leben sei es nun einmal so, wer beide Halbzeiten gewinnt, der gewinnt auch das Spiel. Kurz gesagt: Es handele sich nur um mathematische Spitzfindigkeiten, die aber die Wirklichkeit nicht im Repertoire hat.

Wenn Sie das denken, möchte ich Sie gerne mit den Ergebnissen einer beachtenswerten Studie bekannt machen. Eine medizinische Forschergruppe[2] hat sich mit der Analyse zweier Verfahren zur Entfernung von Nierensteinen beschäftigt. Es handelt sich bei diesen Behandlungsmöglichkeiten zum einen um das Verfahren der *Offenen Chirurgie* und zum anderen um die *Perkutane Nephrolithotomie*.

In der Studie war die offene Chirurgie bei 273 von 350 Patienten erfolgreich und hatte damit eine Erfolgsquote von $273/350 \cdot 100\,\% = 78\,\%$.

Die Nephrolithotomie war bei 289 von 350 Patienten erfolgreich und verzeichnete also die höhere Erfolgsquote von $289/350 \cdot 100\,\% = 83\,\%$.

Die Nephrolithotomie scheint nach diesen Zahlen erfolgreicher zu sein. Berücksichtigt man bei der Analyse allerdings die Größe der Nierensteine, so ergibt sich das umgekehrte Ergebnis:

Handelte es sich um die Entfernung *kleiner* Steine (weniger als 2 mm Durchmesser), war die offene Chirurgie erfolgreicher, nämlich bei 81 von 87 Patienten (93 %) im Vergleich mit 234 von 270 Patienten (87 %) bei der Nephrolithotomie. Bei *großen* Steinen (mindestens 2 mm Durchmesser) war es ähnlich. Die offene Chirurgie war erfolgreicher bei 192 von 263 Patienten (73 %) gegenüber 55 von 80 Patienten (69 %) bei der Nephrolithotomie.

Im ersten Anlauf blieb also die wichtige Einflussgröße «Auswahl eines Verfahrens durch den Arzt in Abhängigkeit von der Größe des Steins» unberücksichtigt. Erst die Einbeziehung dieser Wirkgröße fördert die tatsächlichen, genau umgekehrten und in höchstem Maße patientenrelevanten Verhältnisse zutage.

Simpson im Kampf

Kampfhandlungen der Streitkräfte sind gefährlich. Doch das Risiko ist unterschiedlich hoch bei den verschiedenen Teilen der Streitkräfte:

Die Todesrate für Männer in der Marine, $3/10 = 0,3$, ist geringer als die Todesrate für Männer im Heer, $8/26 = 0,31$.
Die Todesrate für Frauen in der Marine, $7/20 = 0,35$, ist geringer als die Todesrate für Frauen im Heer, $5/14 = 0,36$.
Die Todesrate im Heer, $(8 + 5)/(26 + 14) = 0,325$, ist geringer als die Todesrate in der Marine, $(3 + 7)/(10 + 20) = 0,333$.

Ergo: Bist du ein Mann, gehe zur Marine. Bist du eine Frau, gehe zur Marine. Bist du ein Mensch, gehe zum Heer.

Was schlagen Sie vor?
Was würden Sie tun?

Es ist eine offene Frage, wenn sie auch einen gänzlich anderen Bereich berührt: Warum haben wir Menschen eine derart starke Intuition dafür entwickelt, dass der Sieger einer jeden Teildisziplin auch der Gesamtsieger sein müsse?

Natürlich ist dies im richtigen Leben fast immer so, aber die Ergebnisse dieses Kapitels demonstrieren doch, dass es eben nicht zwingend so sein muss und dass es in Ausnahmefällen sogar umgekehrt sein kann.

Aber wie häufig sind diese Ausnahmefälle? Wir wollen das Kapitel nicht beenden, ohne diese Frage zu beantworten. Also:

Wie wahrscheinlich ist das Simpson'sche Paradoxon?

In Situationen mit drei Variablen, wie wir sie etwa beim Bewerbungsbeispiel an einer fiktiven Universität vorliegen hatten – dort mit den Merkmalen *Geschlecht* (Frauen, Männer), *Fachgebiet* (Geisteswissenschaften, Naturwissenschaften), *Bewerbungsstatus* (Zulassung, Ablehnung) –, beträgt die Wahrscheinlichkeit, dass das Simpson-Paradoxon auftritt, rund 1 Prozent.

Das scheint auf den ersten Blick nicht viel zu sein. Immerhin jedoch, wenn man die Bewerbungs- und Zulassungszahlen an 100 Universitäten untersucht, wird ungefähr an einer davon das Simpson-Phänomen auftreten. Wir können also einen reichen Fundus von Simpson-Szenarien in unserer Welt erwarten. Nur gut, dass wir gelernt haben, besser damit umzugehen.

2. Warum es weniger gut sein kann, mehr gute Möglichkeiten zu haben

Die Mehr-ist-besser-Falle

Abenteuer Alltag

Leben ist Wettbewerb, und Alltag ist Abenteuer. Unzählige Begebenheiten des Lebens lassen sich als Wettbewerb zwischen Akteuren verstehen, die miteinander in Wechselwirkung stehen. Die Akteure haben ihre individuellen Interessen. In den Wettbewerbsspielen handelt jeder Einzelne, um ein von ihm verfolgtes Ziel zu erreichen. Dabei müssen ständig Entscheidungen getroffen werden: Was soll ich als Nächstes tun? Was soll ich als Übernächstes tun? Was soll ich besser nicht tun?

Welche Aktion jemand in die Wege leiten soll, hängt natürlich auch davon ab, über welches Reservoir von Handlungsalternativen er überhaupt verfügt. Wenn jemand wenige Optionen hat, dann kann er nur aus diesen wenigen die für ihn optimale Option auswählen. Wenn jemand zusätzliche Optionen hat, ist sein Entscheidungsspielraum größer, und er kann aus Vollerem schöpfen. Was halten Sie vor diesem Hintergrund von der Aussage:

Je mehr Handlungsmöglichkeiten jemand hat, desto besser ist es für ihn.

Daran lässt sich nicht herumkritteln. Sie werden nicht annehmen, dass ich mit diesem Satz an meinem logischen Apparat vorbeirede. Es gibt an dieser Aussage scheinbar nichts zu zweifeln.

Für jeden Einzelnen ist dieser Satz individuell gültig. Und wenn er für jeden Einzelnen gilt, dann sollte er doch auch global gültig sein. Dieser Gedanke ist im Umlauf. Der Philosoph und Physiker Heinz von Foerster hat ihn sogar zur Grundlage einer Maxime gemacht, als er sagte: «Handle stets so, dass die Anzahl der Wahlmöglichkeiten größer wird.»

Ein an sich schöner Satz, der nicht aneckt. An ihm fällt aber auf: Die Maxime macht nur dann Sinn, wenn es *besser* ist, mehr Wahlmöglichkeiten zu haben als weniger. Auch Heinz von Foerster scheint wie selbstverständlich davon auszugehen: Mehr Optionen sind besser. Das ist eine allgemeine Wahrheit bei Behandlungen in der Medizin, bei Verhandlungen in der Wirtschaft und generell in allen Situationen des täglichen Lebens. Sollte man denken.

Denkers Pech! Es kann nämlich auch anders sein!

Sie meinen jetzt wahrscheinlich, Sie hätten sich verhört oder ich hätte mich geirrt. Aber das ist nicht so. Sie haben sich nicht verhört, und ich habe mich nicht geirrt. Und ich sage Ihnen, was ich meine.

Überraschenderweise gibt es tatsächlich Szenarien, die nicht in dieses Muster von «Je mehr, desto besser» passen. Und dabei handelt es sich keineswegs um theoretisch-mathematisch-philosophische Hirngespinste, sondern um ganz reale, natürliche, alltagsrelevante Umstände. Die obige Aussage trifft zwar fast immer zu, das sei zugegeben. Aber vereinzelt kann sie auch falsch sein. In der obigen Weise mit Allgemeingültigkeitsanspruch formuliert, handelt es sich jedenfalls um einen Irrtum. «Je mehr Möglichkeiten, desto besser ist es für den, der sie hat» gehört in die Kategorie der manchmal falschen Vorstellungen.

Es ist nun an der Zeit, Ross und Reiter zu benennen:

Unterlaufen wird die Ausnahmslosigkeit obiger Aussage vom Braess-Paradoxon.

Das Braess-Paradoxon veranschaulicht die Tatsache, dass eine zusätzliche Handlungsalternative, die jedem Akteur eingeräumt wird, die Situation für alle Beteiligten verschlechtern kann. Und zwar für jeden Einzelnen und für die Gemeinschaft. Bei den Braess-Szenarien sind die guten und die schlechten Nachrichten nicht mehr fest an ihren Plätzen. Es sind Stücke ganz neuer, wilder Wirklichkeit.

Der Vater des Paradoxons, der deutsche Mathematiker Dietrich Braess, stieß in den 1960er Jahren bei Untersuchungen des Flusses in Verkehrsnetzen auf solche Möglichkeiten. Mit seinem späteren Opus magnum *Über ein Paradoxon bei der Verkehrsplanung* hat er sie sichtbar in der Geisteswelt platziert.

Wir erörtern eine vereinfachte Darstellung, die den Kern der Paradoxie besonders gut herausarbeitet. Dazu sei ein Verkehrsnetz erzeugt. Es muss nicht einmal sonderlich kompliziert sein. Einfach ist hier sogar besser, da leichter verständlich.

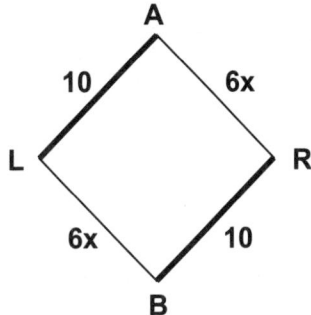

Abbildung 35:
Ein Verkehrsnetz mit vier Straßen und vier Städten *A*, *B*, *L*, *R*

Das Verkehrsnetz umfasst vier Straßen und die vier Städte *A*, *B*, *L*, *R*. Es gibt zwei Möglichkeiten, um von *A* nach *B* zu gelangen, und zwar über die Stadt *Links* (mit *L* abgekürzt) oder über die Stadt *Rechts* (mit *R* abgekürzt). Die Route *A* → *L* → *B* besteht aus dem mehrspurigen Autobahnstück *A nach L* und der schmalen Landstraße *L nach B*. Die alternative Route *A* → *R* → *B* besteht aus der schmalen Landstraße *A nach R* und dem mehrspurigen Autobahnstück *R nach B*.

Da die Autobahnen gut ausgebaut sind, beträgt die Fahrzeit von *A* nach *L* sowie von *R* nach *B* unabhängig vom Verkehrsaufkommen je 10 Zeiteinheiten. Die Landstraßen dagegen sind schmal, und auf ihnen hängt die Fahrzeit vom Verkehrsaufkommen ab.

Konkret verhält es sich so: Wenn irgendein Anteil $x \leq 1$ aller von A nach B fahrenden Autofahrer sie benutzen, dann ist die Fahrzeit von A nach R und auch von L nach B genau $6x$ Zeiteinheiten. Demnach: Je mehr Menschen diese Strecken befahren, desto langsamer geht's für jeden und für alle. Das ist wirklichkeitsnah.

Wir starten einen kleinen Ideenflug von der Annahme aus, dass alle Fahrer ihre Fahrzeit von A nach B so gering wie möglich halten wollen. Das ist auch realistisch. Man möchte hier nun mal so schnell wie möglich ans Ziel.

Jeder Fahrer kann seine Route von A nach B frei wählen. Schon ein kurzer Blick aus der Vogelperspektive verdeutlicht, dass der Optimalzustand sich einstellt, wenn beide Routen jeweils von der Hälfte aller Autofahrer gewählt werden. Denn dann ist auf beiden Routen die Auslastung $x = 1/2$. In diesem Gleichgewichtszustand beträgt die Fahrzeit für alle Autofahrer

$$\frac{1}{2} \cdot 6 + 10 = 13$$

Zeiteinheiten. Wäre nämlich auf einer der beiden Routen $x > 1/2$, dann vergrößerte sich auf dieser Route die Gesamtfahrzeit auf

$$10 + 6x > 13$$

Zeiteinheiten. Langfristig würde das einige Fahrer dazu bewegen, zur anderen Route zu wechseln, bis der Gleichgewichtszustand erreicht ist.

Der Gleichgewichtszustand beim Wert $x = 1/2$ ist zudem stabil: Ein Autofahrer, der aus dem Gleichgewichtszustand heraus die Route wechselt, vergrößert auf seinem neuen Weg den Anteil x leicht über 1/2 hinaus und verlängert damit seine Fahrzeit ein wenig. Also ist vom Gleichgewichtszustand aus jeder Routenwechsel für jeden Wechsler ungünstig.

Die Mathematiker nennen solche Zustände *Nash-Gleichgewichte*. Diese Gleichgewichte charakterisieren eine Situation, von der ausgehend kein einzelner Akteur – also keiner der Autofahrer – für sich einen Vorteil erreichen kann, wenn er im Alleingang sein Verhalten ändert – also die andere Strecke fährt.

Damit haben wir eine erste, schon recht genaue Vorstellung von den Gegebenheiten in diesem simplen Verkehrsnetz erlangt.

Ring frei zur zweiten Runde

Im nächsten Durchlauf nehmen wir nun an, dass eine zusätzliche Straße gebaut wird, und zwar eine Schnellstraßenverbindung zwischen L und R. Die Straße sei gut ausgebaut und die Fahrzeit liege bei zwei Zeiteinheiten.

Dies eröffnet allen Fahrern weitere Optionen, um von A nach B zu kommen: Zusätzlich zu den bisherigen beiden Routen $A \rightarrow L \rightarrow B$ und $A \rightarrow R \rightarrow B$ besteht nun für jeden die Möglichkeit $A \rightarrow L \rightarrow R \rightarrow B$. Das sei Route 3. Und Route 4 ist $A \rightarrow R \rightarrow L \rightarrow B$.

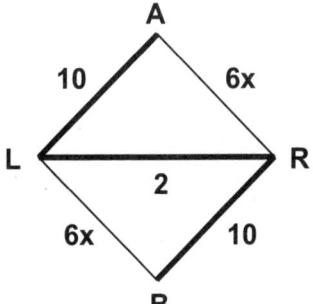

Abbildung 36:
Erweitertes Verkehrsnetz nach Bau der Schnellstraßenverbindung
L nach R

Wie man mühelos ablesen kann, ist es in der neuen Situation für jeden Fahrer tatsächlich günstiger, die Schnellstraße zu nehmen, und zwar in der Variante $A \rightarrow R \rightarrow L \rightarrow B$. Denn selbst wenn alle Fahrer über R steuern, so dass $x = 1$ wird, kommt man von A über

R und anschließend mit der Schnellstraße zügiger nach L als auf direktem Weg mit der Autobahn A *nach* L. Außerdem: In R eingetroffen, ist es stets günstiger, über L nach B zu fahren, als direkt mit der Autobahnverbindung R *nach* B.

Als Wirkung der neuen Trasse L *nach* R stellt sich also ein neuer Gleichgewichtszustand ein. Das ursprüngliche Gleichgewicht bei $x = 1/2$ verschiebt sich zu einem neuen Gleichgewicht im Punkt $x = 1$. Es bedeutet, dass *alle* Fahrer die Route $A \to R \to L \to B$ wählen. Die Fahrzeit für jeden Fahrer liegt in Zeiteinheiten jetzt bei

$$6 \cdot 1 + 2 + 6 \cdot 1 = 14.$$

Überraschung!

Die Fahrzeiten sind länger als zuvor, und zwar – ich wiederhole es – für jeden einzelnen Fahrer!

Es lohnt sich, diesen Überraschungseffekt auszukosten:

Die zusätzliche Option der als Verbesserung gedachten Schnellstraße beschert im Ergebnis eine globale Verschlechterung. Für alle Fahrer gleichermaßen erhöht sich selbst bei optimalem Verhalten die Fahrzeit von 13 auf 14 Zeiteinheiten.

Und auch dieser neue Gleichgewichtszustand ist stabil. Denn alleiniges Zurückwechseln zu anderen Routen ist nun für keinen Fahrer ratsam. Auch nicht zu den früheren, ehemals optimalen Strecken: Die beiden ursprünglichen Reisewege beanspruchen nämlich jetzt $10 + 6 \cdot 1 = 16$ Zeiteinheiten.

Das Fazit, von diesem Beispiel her gedacht, liegt auf der Hand: Das Gesamtverkehrsnetz ist durch eine zusätzliche Straße für alle langsamer und dadurch ineffizienter geworden. Wir sehen ein lehrreiches Meisterstück für Verschlimmbesserung durch Vergrößerung der Zahl der Alternativen.

Ich hoffe, das Braess-Paradoxon hat Sie aufmerken lassen und intellektuell aufgerüttelt. Jedenfalls war das mein Ziel. Man muss es sich wirklich einmal auf der Zunge zergehen bzw. durch die Gehirnwindungen gleiten lassen. Auch philosophisch ist es höchst erstaunlich. Es ist eine Delikatesse der besonderen Art. Je mehr wir darüber reflektieren, desto widersinniger wird es. Um es einmal so widersinnig zu sagen, wie es sich uns darstellt:

Eine Gesamtsituation verschlechtert sich für alle Beteiligten, wenn jedem eine an sich gute und freiwillig wählbare Möglichkeit zusätzlich bereitgestellt wird.

"The path to becoming an astronaut is rougher than I thought."

Abbildung 37:
«Der Weg, um Astronaut zu werden, ist steiniger, als ich dachte.»
Cartoon von Vahan Shirvanian

Das rüttelt an den Gitterstäben des Normalen. Kein Wunder, dass das Leben so schwer ist!

Eine neue, schnelle Straße wird gebaut, und alle Fahrer brauchen länger. Manchmal erzeugt eine neue Trasse in der Realität sogar das, wofür das Autobahnstück zwischen Köln-Nord und Bocklemünd verkehrsnachrichtlich bekannt geworden ist: einen Nichts-geht-mehr-Stau.

Braess invers

Die Umkehrung gilt übrigens auch. Nimmt man allen Mitwirkenden eine zur Verfügung stehende Alternative, so kann der Fall eintreten, dass es jedem Einzelnen besser geht als zuvor. Man sperrt eine Straße und alle Fahrer kommen schneller voran.

Das sind Befunde, die unsere Vorstellungskraft auf Kollisionskurs mit sich selbst bringen oder gar entgleisen lassen. Zudem bilden sie ein Gegenbeispiel gegen Heinz von Foersters Imperativ. Man soll nicht immer auf die Steigerung der Wahlmöglichkeiten hinarbeiten.

Knobelzone

Hin und her und hin

Ali möchte seiner Freundin Baba einen teuren Ring schicken. Leider gehen mit der Post verschickte Wertsachen bisweilen verloren, außer sie werden in einer Schachtel mit Vorhängeschloss verschickt. Beide, Ali und Baba, besitzen Schachteln mit Vorhängeschlössern sowie den jeweils zugehörigen Schlüsseln. Aber jedes Vorhängeschloss hat seinen eigenen Schlüssel und keiner besitzt den Schlüssel zum Vorhängeschloss eines anderen. →

Das bedeutet: Ali muss Baba zusätzlich zum Ring in der verschlossenen Schachtel auf sichere Art den Schlüssel zukommen lassen. Wie kann Ali seiner Freundin den Ring sicher schicken?

Lösung

Es handelt sich um ein Problem, das mit geschicktem Rangieren gelöst werden kann: Ali schickt Baba den Ring in einer mit Schloss gesicherten Schachtel, ohne seiner Sendung den Schlüssel für das Schloss beizulegen. Das wäre zu gefährlich. Baba kann deshalb die Schachtel nicht öffnen. Aber sie kann eines ihrer eigenen Vorhängeschlösser noch zusätzlich an die Schachtel stecken. Den Schlüssel dafür behält sie, und die jetzt doppelt gesicherte Schachtel mit zwei Vorhängeschlössern schickt sie zurück an Ali. Ali entfernt sein eigenes Schloss mit seinem Schlüssel und schickt die immer noch mit Babas Schloss gesicherte Schachtel an seine Freundin zurück. Baba kann mit ihrem Schlüssel das Schloss entfernen und die Schachtel öffnen.

Man könnte annehmen, dass es sich bei dieser Unternehmungslustigkeit nur um eine nette kleine Verspieltheit handelt. Das ist aber nicht der Fall. Auf obiger Idee des sicheren Verschickens beruht das Schlüsselaustausch-Verfahren von Diffie und Hellman. Es war einer der großen Fortschritte der Kryptografie und bildet vom Prinzip her die Grundlage für sicheren Bargeldverkehr im Internet.

«Gibt es das denn auch im richtigen Leben?», werden Sie möglicherweise fragen. Ja, und ob!

Es braessierte einst in Stuttgart und New York. Der amerikanische Verkehrspsychologe Amnon Rapoport hat das beschriebene Paradoxon unter anderem in diesen beiden Städten nachgewiesen. Er hat damit belegt, dass reale Autofahrer nicht immer gewiefter sind als jene in der Theorie. Es handelt sich somit nicht nur um ein theoretisches Phänomen.

In der Stuttgarter Innenstadt wurden Ende der 1960er Jahre rund um den Schlossplatz intensive verkehrsplanerische Maßnahmen ergriffen, einschließlich des Neubaus von Straßen. Dennoch wurde nach deren Fertigstellung der Verkehr überraschenderweise eher zähfließender. Der Verkehrsfluss entspannte sich erst dann wieder, als ein Segment der neu gebauten Königsstraße für Fahrzeuge gesperrt und in eine Fußgängerzone umgewandelt wurde.[3]

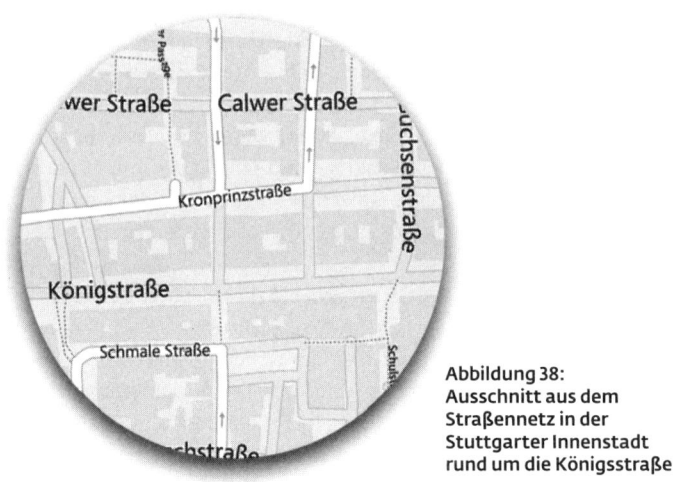

Abbildung 38:
Ausschnitt aus dem
Straßennetz in der
Stuttgarter Innenstadt
rund um die Königsstraße

Und wir schalten um von Stuttgart nach New York.

Hier stellte sich 1990 der umgekehrte Effekt ein. Die vorübergehende Sperrung der 42-ten Straße führte – statt zu den allseits erwarteten chaotischen Staus – zu einer spürbaren Entspannung des Verkehrsflusses in der Umgebung dieser Straße.[4, 5]

In unserem kleinen stilisierten Verkehrsnetz von Abbildung 36 besteht die beste Handlungsempfehlung an alle Autofahrer darin, die neu gebaute Schnellstraße völlig zu ignorieren und sich wie ehedem je zur Hälfte auf die Routen $A \rightarrow L \rightarrow B$ und $A \rightarrow R \rightarrow B$ aufzu-

"After solving the towns equation,
the stranger rode off, into the setting sun."

Abbildung 39:
«Nachdem der Fremde die Gleichung der Stadt gelöst hatte, ritt er davon in die untergehende Sonne.»
Cartoon von Kes

teilen. So könnten die Autofahrer gemeinschaftlich das Braess-Paradoxon überwinden.

Es gibt dann aber eine latente Unterschwelligkeit. Würde die Schnellstraße tatsächlich von allen ignoriert, wäre jeder Fahrer der nicht geringen Versuchung ausgesetzt, sie dennoch zu nutzen und so seine Fahrzeit zu reduzieren. Diese Versuchung führt in das Dilemma zurück. Auch würde gemeinschaftliches Ignorieren der Schnellstraße die Entstehung von Kooperation ohne explizite Kommunikation erfordern. Kein geringes Problem!

Knobelzone

Das Problem des Fußgängers

Die Stadt Königsberg, das heutige Kaliningrad, wird vom Fluss Pregel durchflossen. Die insgesamt vier Stadtteile waren im 18. Jahrhundert durch sieben Brücken miteinander verbunden. Ein berühmtes Problem zu jener Zeit war das folgende: →

Kann man, irgendwo in Königsberg beginnend, einen Weg durch die Stadt ge-hen, bei dem man jede der sieben Brücken genau einmal überquert und am Ende wieder zum Ausgangspunkt zurückkehrt?

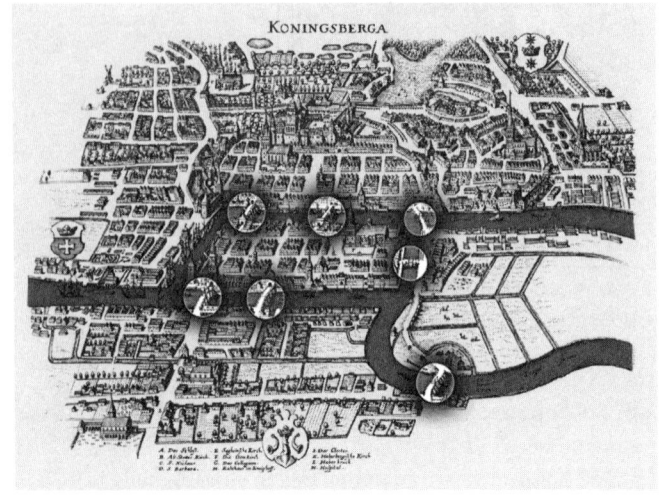

Abbildung 40: Königsberger Brückenproblem: Über sieben Brücken musst du gehn.

Lösung

Der Mathematiker Leonhard Euler löste das Problem 1736 und hob damit eine ganz neue mathematische Disziplin aus der Taufe: die Graphen-Theorie. Euler vereinfachte die Situation schrittweise so, dass er die vier Stadtteile durch Knoten A, B, C, D repräsentierte und die Brücken durch Verbindungen zwischen diesen.

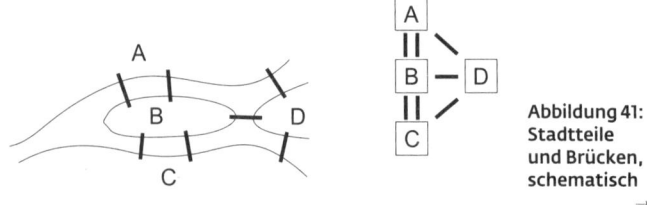

Abbildung 41: Stadtteile und Brücken, schematisch

→

Eulers zentraler Einblick bestand nun darin, dass es darauf ankommt, ob für einen Knoten, also einen Stadtteil, die Zahl der Verbindungen, also der Brücken, gerade oder ungerade ist. Ist diese Zahl für einen Stadtteil gerade, so schafft das keine Probleme. Dann geht man über eine Brücke in ihn hinein und über eine andere wieder hinaus. Diese beiden Brücken kommen für spätere Begehungen nicht mehr in Frage. Man kann also so oft in diese Stadtteile mit gerader Brückenzahl hinein- und wieder hinausgehen, bis alle Brücken, die von ihnen ausgehen, benutzt worden sind.

Da man am Ende wieder zum Ausgangsstadtteil zurückkehren will, muss das auch für diesen Stadtteil gelten. Auch er muss eine gerade Zahl von Verbindungen zu anderen Stadtteilen haben. Damit es überhaupt einen geschlossenen Rundweg einmal über alle Brücken geben kann, muss also von jedem Stadtteil eine gerade Zahl von Brücken ausgehen.

Das ist aber in Königsberg nicht der Fall. Im Gegenteil: Von allen vier Stadtteilen geht eine ungerade Anzahl von Verbindungen aus, dreimal je drei und einmal fünf. Damit ist ein Rundkurs über alle Brücken unmöglich – und das Problem ist gelöst.

Euler wäre nicht Euler gewesen, wenn er es dabei belassen hätte. Er hat sich noch einige Gedanken mehr zum Thema gemacht. So konnte er zum Beispiel beweisen, dass die obige Mindestanforderung für einen Rundkurs – heutzutage als geschlossener Eulerweg bezeichnet – vollkommen ausreichend ist. Diese Mindestanforderung, ohne die es keinesfalls einen Rundweg geben kann, ist auch schon ausreichend dafür, dass es einen Rundweg gibt.

Eulerwege spielen in vielen Disziplinen eine Rolle. Eine spielerischschöne Anwendung ist die Kunst. Picasso fand oft Gefallen daran, seine Zeichnungen in einem einzigen durchgehenden Strich zu zeichnen. Die folgende hübsche Skizze, die Picasso für Igor Strawinskys Komposition «Ragtime» anfertigte, enthält einen Eulerweg. Der Anfangspunkt befindet sich im Hut des Violinspielers und der Endpunkt im linken Fuß des Banjospielers. →

Sehen Sie, warum es einen Eulerweg gibt? Nun, alle Kreuzungen von Linien erfüllen die Voraussetzung, dass von ihnen nur eine gerade Anzahl von Linien ausgeht.

Abbildung 42:
Picassos Zeichnung
für Igor Strawinskys
«Ragtime» als Eulerweg

Noch ein Wort zu Rapoport. Er hat zu unserem Thema eine ausgeklügelte Studie konzipiert: An einem hypothetischen Straßennetz, vom Computer erzeugt, ließ er seine Versuchsteilnehmer möglichst effiziente Routen auswählen. Für zeitsparende Strecken wurden die Teilnehmer mit echtem Geld belohnt. Legte der Computer eine weitere Verkehrsverbindung ins Straßennetz, die das Braess-Paradoxon installierte, wählten die Probanden jetzt typischerweise Routen, die mehr Zeit in Anspruch nahmen als zuvor. Sie wurden Opfer des Paradoxons.

Rapoport erlaubte seinen Versuchsteilnehmern sogar mehrere Dutzend Versuche. Nach jedem Durchlauf informierte er sie zudem, welche Strecken die anderen Verkehrsteilnehmer gefahren waren und wie viel Geld sie selbst und alle anderen durch ihre Streckenwahl eingeheimst hatten. Dennoch gelang es den Probanden nicht, das Braess-Paradoxon abzuschütteln.

Verkehrsplaner realer Verkehrsnetze sind sich des Braess-Paradoxons mittlerweile sehr bewusst. Sie ziehen die Möglichkeit paradoxer Effekte bei ihren Planungen stets in Betracht. Bevor große Infrastrukturprojekte in Angriff genommen werden, wird deshalb mittels ausgefeilter Simulationen deren Wirkung auf den Verkehrsfluss im Umfeld erforscht. Diese Simulationen sind typischerweise so hoch verzweigt und überkomplex, dass sie ohne Einsatz von großen Computerclustern und Hochleistungsrechnern zum Scheitern verurteilt wären.

Für leistungsfähige Rechner gilt auch hier: Nie waren sie so wertvoll wie heute.

Planungsstäbe regionaler Verkehrsnetze verfügen mittlerweile über einen großen Schatz empirischen Know-hows. So gilt inzwischen als gesichertes Wissen, dass besondere Vorsicht geboten ist bei neu geplanten Brücken.

Leicht heikel werden kann es auch dann, wenn an stark belastete Verkehrsknotenpunkte entlastende Schnellstraßen mit hoher Verkehrskapazität angegliedert werden sollen. Dann sind über den Neubau des zusätzlichen Verkehrselements hinaus weitere verkehrsplanerische Maßnahmen notwendig.

Beim Großbauprojekt der *Waldschlösschenbrücke* in Dresden etwa schätzte man bereits im Vorfeld die Kosten für deren gutartige Einbindung an das bestehende Gesamtverkehrsnetz höher ein als die Kosten für den Bau der Brücke selbst. Das ist fast eine eigene Paradoxie im Paradoxen.

Und die Moral: Manchmal bewirkt eine Maßnahme genau das Gegenteil von dem, was mit ihr beabsichtigt wurde.[6] Manche Schüsse gehen nach hinten los. Die Realität ist immer für eine Überraschung gut.

Realitätsverlust, no problem

Im Jahr 1994 fiel wegen eines Spielerstreiks die gesamte amerikanische Baseball-Saison aus. Kein einziges Spiel fand statt. Zwei Weltkriege, ein Mega-Erdbeben und ein grandioser Bestechungsskandal hatten diesem Volkssport nichts anhaben können, aber ein an sich unbedeutender Streit über die Deckelung der Spielergehälter schaffte das zuvor für undenkbar Gehaltene.

Wenn schon keine Spiele, dann wenigstens Spielergebnisse, dachten sich die Herausgeber der Zeitschrift *New York Newsday*. Sie wollten den Lesern nicht den Nervenkitzel der wöchentlichen Resultate, Tabellen, Statistiken und Diagramme zur Lage der Liga vorenthalten. Deshalb führten sie aufgrund aller verfügbaren Informationen eine sich wöchentlich entfaltende Simulation der gesamten Paarungen durch. Mit fiktiven Ergebnissen und Fortschrittstabelle von Spieltag zu Spieltag:

East	W	L	PCT	GB	WCGB	L10	STRK	HOME	ROAD	LAST GAME	NEXT GAME
Boston	45	33	.577	-	-	4-6	L2	23-15	22-18	6/23 vs DET, L 5-7	6/25 vs COL, 7:10 PM
NY Yankees	41	34	.547	2.5	-	4-6	L1	22-16	19-18	6/23 vs TB, L 1-3	6/25 vs TEX, 7:05 PM
Baltimore	42	35	.545	2.5	-	4-6	L4	20-16	22-19	6/24 vs CLE, L 2-5	6/25 vs CLE, 7:05 PM
Tampa Bay	40	37	.519	4.5	2.0	5-5	W2	22-16	18-21	6/24 vs TOR, W 4-1	6/25 vs TOR, 7:10 PM
Toronto	38	37	.507	5.5	3.0	9-1	L1	22-17	16-20	6/24 @ TB, L 1-4	6/25 @ TB, 7:10 PM

Central	W	L	PCT	GB	WCGB	L10	STRK	HOME	ROAD	LAST GAME	NEXT GAME
Detroit	42	32	.568	-	-	6-4	W2	26-13	16-19	6/23 vs BOS, W 7-5	6/25 vs LAA, 7:08 PM
Cleveland	39	36	.520	3.5	2.0	7-3	W1	24-15	15-21	6/24 @ BAL, W 5-2	6/25 @ BAL, 7:05 PM
Kansas City	35	38	.479	6.5	5.0	5-5	W1	18-18	17-20	6/23 vs CWS, W 7-6	6/25 vs ATL, 8:10 PM
Minnesota	34	38	.472	7.0	5.5	5-5	W1	19-17	15-21	6/23 @ MIA, 7:10 PM	6/25 @ MIA, 7:10 PM
Chi White Sox	31	42	.425	10.5	9.0	3-7	L1	16-14	15-28	6/23 @ KC, L 6-7	6/25 vs NYM, 8:10 PM

West	W	L	PCT	GB	WCGB	L10	STRK	HOME	ROAD	LAST GAME	NEXT GAME
Texas	44	32	.579	-	-	6-4	W5	22-15	22-17	6/23 vs STL, W 2-1	6/25 @ NYY, 7:05 PM
Oakland	44	34	.564	1.0	+1.5	3-7	L2	22-12	22-22	6/23 @ SEA, L 3-6	6/25 vs CIN, 10:05 PM
Seattle	34	43	.442	10.5	8.0	5-5	W2	20-18	14-25	6/23 vs OAK, W 6-3	6/25 vs PIT, 10:10 PM
LA Angels	33	43	.434	11.0	8.5	5-5	L3	20-23	13-20	6/23 vs PIT, L 9-10	6/25 @ DET, 7:08 PM
Houston	29	48	.377	15.5	13.0	6-4	L1	15-25	14-23	6/23 @ CHC, L 6-14	6/25 vs STL, 8:10 PM

Abbildung 43: Ergebnisse der US-Baseball-Liga

Sport als sportlerfreie Zone!

Nebenbei bemerkt: Die Fans nahmen das der Not geschuldete Setting dankbar an. Ja, es sah mit fortschreitendem Verlauf immer weniger so aus, als wenn die Wirklichkeit ernsthaft vermisst würde. Die Artikelserie mit der virtuellen Realität wurde für die Zeitung zu einem Hit. *Virtual Reality schlägt Real Reality* nannte das der Kulturwissenschaftler Bernd Guggenberger. Und hatte recht. →

Immer noch nebenbei bemerkt: «Das größte Problem beim Fußball sind die Spieler. Wenn wir die abschaffen könnten, wäre alles gut.» Das sagte Helmut Schulte, Exfußballtrainer von St. Pauli. Doch dann müssten wir auf so wunderbare Begebenheiten verzichten wie jene in der 82. Minute beim Länderspiel Brasilien–Deutschland am 12. Dezember 1987 in Rio de Janeiro. Plötzlich lachte das gesamte riesige Maracana-Stadion: Die Einwechslung des deutschen Nationalspielers *Franco Foda* wurde vom Stadionsprecher bekannt gegeben. In der Landessprache bedeutet sein Name wörtlich: Umsonst vögeln.

Das kann uns keine Simulation bieten.

Egoisten rechnen falsch

Bisher war unsere Behandlung des Braess-Paradoxons rein beschreibend. Doch sagt man «Paradoxon», wird dessen Auflösung erwartet. Im Aufmerksamkeitsmittelpunkt steht deshalb jetzt ein solcher Versuch.

Gehen wir von einer Sachlage aus, in der auf einer Schnellstraße ein Stau herrscht, während gleichzeitig auf einer parallelen Fahrstrecke der Verkehr unbehindert fließt. Gehen wir weiter davon aus, dass von der staubelasteten Schnellstraße eine direkte Verbindung zur alternativen Fahrstrecke geöffnet wird. Dann ist es vorstellbar, dass sich gerade so viele Fahrer den Wechsel von der Schnellstraße zur alternativen Strecke vornehmen, dass es auch dort zum Stau kommt, ohne dass der Stau auf der Schnellstraße beseitigt wird.

Im Ergebnis herrscht Stau auf beiden Strecken. Keinem Fahrer geht es durch die Schaffung der neuen Verbindung besser als vorher, aber vielen geht es schlechter.

Allgemein-mathematisch kann noch angemerkt werden: Ausschließlich von Eigeninteresse motivierte – «egoistische» – Autofahrer optimieren in gewisser Weise die falsche mathematische

Funktion. Durch Beschneidung der ihnen zur Auswahl stehenden Handlungsalternativen können solche Autofahrer bisweilen zu einer besseren Gleichgewichtslösung geführt werden.

Ursächlich dafür ist, dass es diesen Fahrern, zum Beispiel wegen des Sperrens einzelner Straßen, erschwert wird, die egoistischen Routen zu wählen. Das selbstoptimierende Handeln aller Beteiligten führt dazu, dass das Gesamtsystem von einem nicht optimalen Gleichgewichtszustand eingefangen wird, aus dem die Fahrer, auf sich allein gestellt, nicht mehr herausfinden.

Ergo: Durch Egoismus kann man sich ins Suboptimale verrennen.

Die Lösung heißt Kooperieren

Wir haben die Kerngedanken des Paradoxons am Beispiel von Verkehrsnetzen dargestellt. Doch kann das Paradox ganz ähnlich beim Fluss durch viele Netzwerke auftreten, in denen es eine Quelle bzw. einen Ausgangspunkt sowie Verzögerungs- oder Kostenfunktionen entlang der Netzwerkverbindungen gibt. Das ist der Fall in Computernetzen, Telefonverbindungen oder Spielbäumen.

Dazu zeigen wir weiteres Anschauungsmaterial. Zwecks leichter Verdaulichkeit begnügen wir uns wieder mit einem der einfachsten Fälle:

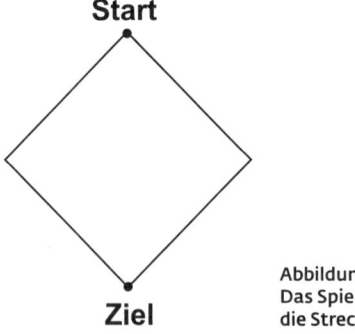

Start

Ziel

Abbildung 44:
Das Spiel von Timm Grams:
die Streckenführung

Die Abbildung 44 zeigt den einfachen Lageplan für ein Spiel, das auf Timm Grams zurückgeht. Es ist betörend einfach und wird uns das Braess-Paradoxon noch aus anderer Perspektive verdeutlichen:

Zwei Spieler erhalten die Aufgabe, vom *Start A* zum *Ziel Z* einen Weg zu suchen. Dies sollen sie so machen, dass ihre Wegkosten möglichst gering sind. Wegkosten fallen deshalb an, weil die beiden Spieler für die einzelnen Teilstrecken eine Maut entrichten müssen. Die Mautzahlungen sind nach einem wegabhängigen Schema gestaffelt:

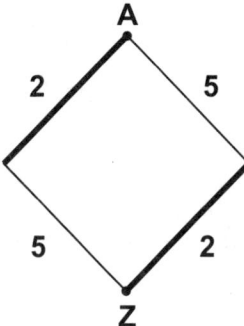

Abbildung 45:
Das Spiel von Timm Grams:
die Mautkosten

Demnach sind zwei Geldeinheiten, sagen wir 2 Euro, zu entrichten für die fett markierten Strecken und 5 Euro für die anderen Strecken. Es gibt aber eine kleine Komplikation, die das Spiel erst beachtenswert macht: Wird eine Kante nämlich von beiden Spielern als Weg in Anspruch genommen, so verdoppelt sich für beide die Maut wegen gegenseitiger Behinderung.

Wie sollen die Spieler vorgehen, unter der realistischen Bedingung, dass jeder bestrebt ist, seine Mautkosten so niedrig wie möglich zu halten?

Auch hier muss man nicht lange grübeln. Die für beide kostengünstigste Vorgehensweise ist zweifellos diese: Einer der beiden (der Spieler *Links*) geht zuerst links herunter und der andere (der Spieler *Rechts*) geht zuerst rechts herunter, und beide zahlen 2 + 5 = 7 Euro. Das kann in der Summe nicht unterboten werden, weder individuell noch global.

Eines Tages wird den Spielern die Möglichkeit geboten, ihre Wegkosten zu senken, indem eine zusätzliche und zudem *kostenlose* Verbindung zwischen links und rechts eingerichtet wird. Es entsteht diese neue mathematische Erlebniswelt:

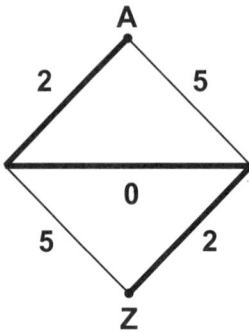

Abbildung 46:
Das Spiel von Timm Grams:
mögliche Route bei zusätzlicher
Verbindungsstrecke

Der Spieler *Links* ergreift diese Möglichkeit und verringert damit seine Kosten von 7 auf 2 + 0 + 2 · 2 = 6 Euro. Die Verdopplung der Maut auf der letzten Teilstrecke tritt auf, da dieses Stück jetzt von beiden Spielern benutzt wird. Das ist auch der Grund, warum dem Spieler *Rechts* höhere Kosten entstehen, nämlich 5 + 2 · 2 = 9 Euro. Die mittleren Kosten der beiden Spieler liegen jetzt bei (6+9)/2 = 7,5 Euro und haben ebenfalls zugenommen.

Spieler *Rechts* ist mit der neuen Situation alles andere als zufrieden. Doch er entdeckt eine Möglichkeit, etwas Geld zu sparen. Er wählt dazu einfach denselben Weg wie sein Gegenspieler. Damit gelingt es Spieler *Rechts,* seine Kosten von 9 Euro auf 2 · 2 + 2 · 0 + 2 · 2 = 8 Euro zu senken. Und er hat dieselben Wegkosten wie der Spieler

Links, dessen Auslagen durch die geänderte Routenwahl von Spieler *Rechts* allerdings um 2 Euro auf ebenfalls 8 Euro gestiegen sind.

Das Überraschende aber ist: Beide Kontrahenten stehen nun schlechter da als ursprünglich. Zudem sind sie in diesem Zustand gefangen. Denn für jeden allein ist eine Änderung seiner Route nachteilig. Wie wir schon bei früherer Gelegenheit feststellen konnten, ist es auch hier für beide am besten, miteinander zu kooperieren, die zusätzliche Option schlicht zu ignorieren und zu ihren alten, ausgetretenen Pfaden zurückzukehren.

Sie sehen: Auch in diesem einfachen Spiel tritt ein lupenreines Braess-Paradoxon in Erscheinung. Abermals ist es nur durch Kooperation zu überwinden. Kooperation bedeutet hier, die eingeführte neue Option gemeinsam zu ignorieren.

Das Braess-Paradoxon ist eine Metapher für gezielte Optionsignoranz und je nach Kontext auch für clevere Innovationsresistenz.

Als nächstes und letztes Exponat zeigen wir ein mechanisches Analogon zum Braess-Paradoxon. Prädikat: Besonders wertvoll. Abbildung 47 ist eine hübsche Ansichtssache, die zum Denken anregt.

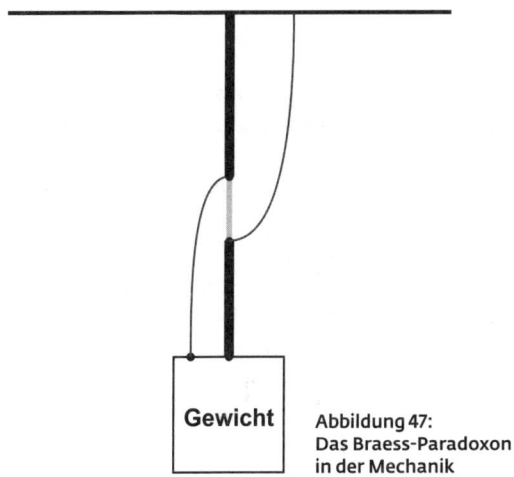

Gewicht

Abbildung 47:
Das Braess-Paradoxon
in der Mechanik

Einige Worte zur Erklärung: Wir sehen ein Gewicht. Es hängt an einer Konstruktion von Federn und Schnüren. Die Federn sind in der Originalabbildung fett und die Schnüre dünn dargestellt. Es ist lehrreich, sich die Frage zu stellen, was passiert, wenn der kurze Faden in der Mitte von einer Schere durchtrennt wird.

Dann gibt es für das Gewicht ein haltendes Element weniger, und der gesunde Menschenverstand wird vermuten, dass dies eine Wirkung haben wird. Unsere Intuition spekuliert, dass das Gewicht deshalb tiefer sackt. Das ist nicht waghalsig spekuliert, sondern normal. Wie könnte es anders sein?

Analogien

Analogien eignen sich wunderbar zum Denken und zum Nachdenken über das Denken. Genau das tat Douglas Hofstadter, der bekannte Autor des Weltbestsellers *Gödel, Escher, Bach.* Jüngst hat er ein Programm entwickelt, das Analogie-Aufgaben lösen kann. Es ist so konzipiert, dass es meist solche Lösungen von Analogie-Problemen findet, wie sie auch Menschen finden. Nehmen wir ein Beispiel:

abc verhält sich zu abd wie xyz zu ?

Die meisten Menschen antworten hier xya. Man denkt sich offenbar das Alphabet kreisförmig angeordnet, und dann folgt a auf z, so wie d auf c folgt.

Andere beliebte Antworten sind xyy, der die Logik zugrunde liegt, dass z in einen benachbarten Buchstaben geändert wurde, so wie c in einen benachbarten Buchstaben überführt wurde.

Auch die Lösung xyd wird von Menschen angegeben sowie auch eine Antwort, die mir wegen ihrer Subtilität besonders gut gefällt: wyz. Haben Sie vielleicht noch weitere Vorschläge?

Aus all dem ergibt sich, dass Analogien oft nicht eindeutig sind und die menschliche Kreativität ganz verschiedene Lösungen finden kann.

Doch paradoxerweise, in direkter Analogie zum spieltheoretischen Braess-Paradoxon, ist hier das genaue Gegenteil der Fall. Es stellt sich auch hier ein neues Gleichgewicht ein. Ein neuer stabiler Zustand, bei dem aber das Gewicht höher hängt als zuvor.

Ja, magischerweise ist irgendwo Energie entstanden, die es nach oben gezogen hat.

Der Grund dafür lässt sich unter diesen Umständen sogar leicht verstehen, was den Nebennutzen hat, dass unserer Intuition hier leichter über das Paradoxe hinweggeholfen wird als im Verkehrsnetz:

Ursprünglich wurde die gesamte Gewichtskraft durch die Konstruktion *Feder – kurzer Faden – Feder* getragen. Auf jeder Feder lastete also die gesamte Gewichtskraft. Wird der kurze Faden durchschnitten, so existiert die bisherige Tragekonstruktion nicht mehr. An ihre Stelle treten zwei parallele Trageketten, bestehend jeweils aus einer Feder und einem dünnen Faden. Die gesamte Gewichtskraft wird nun zu gleichen Teilen auf beide Trageketten verteilt. Im Ergebnis ist die Gesamtlast für jede der beiden Federn mithin halbiert, so dass jede nur halb so stark belastet und halb so weit gedehnt wird. So erklärt sich die Bewegung des Gewichts nach oben.

Der Rede wert

Um das bislang gezeichnete Bild sinnvoll abzurunden, seien noch einige abschließende Worte zur Verbreitung des Braess-Paradoxons ergänzt. Denn was wir bisher gesehen haben, ist bei Weitem nicht alles, was das Paradoxon zu bieten hat. Es ist ein üppiger Nährboden für allerlei kontraintuitive Effekte. In der Elektrotechnik etwa ist es ein bekanntes Phänomen, dass in elektrischen Schaltkreisen die Beseitigung von Verbindungskabeln manchmal die Leitfähigkeit erhöht. Braess lässt grüßen!

Generell ist zu sagen: Jedes System, das aus verschiedenen Pfaden, Kanälen oder Trassen besteht, über oder durch die sich Ströme von Autos, Energie, Informationen oder Daten bewegen, ist für Varianten des Braess-Paradoxons anfällig.

Besonders anfällig sind Zufallsnetze. Und die sind nicht selten. Vielmehr wimmelt es in unserer Welt geradezu von Zufallsnetzen. Es handelt sich dabei um Netzwerke, in denen jeder Knoten mit gewissen Wahrscheinlichkeiten mit jedem beliebigen anderen Knoten im Netzwerk verknüpft ist. Ein Beispiel dafür sind Datennetzwerke mit möglichem Austausch zwischen einer großen Zahl von Kommunikationsteilnehmern. Derzeit werden einige dem Braess-Paradoxon vergleichbare Effekte auch für solche Kommunikationsnetzwerke diskutiert, in denen Teilbereiche des Netzes mit strengen Kapazitätsbeschränkungen versehen sind.

Selbst im Sport ist mit Analogien zum Braess-Paradoxon zu rechnen. Der amerikanische Wissenschaftler Brian Skinner hat unlängst ein Netzwerkmodell des Basketballspiels entwickelt. Durch Modellrechnungen hat er festgestellt, dass unter gewissen Umständen die Auswechselung des Schlüsselspielers eines Teams die offensive Effektivität der gesamten Mannschaft erhöhen kann.

Vielleicht tritt dieser Effekt nicht nur beim Basketball, sondern vereinzelt auch im Fußball auf. Es gibt immerhin unter Experten die Einschätzung, dass die deutsche Fußball-Nationalmannschaft, die bei der Weltmeisterschaft 2010 bekanntlich auf ihren damaligen Starspieler Michael Ballack verzichten musste, ebendadurch effizienter, torgefährlicher und schlicht besser wurde. Und noch ein letztes Wort: Das Braess-Paradoxon im ursprünglichen Original geht von *egoistischen* Einzelakteuren aus, die jeder für sich ihre Fahrzeit minimieren wollen, ohne Rücksicht zu nehmen auf Verkehrsstaus, die sie dadurch eventuell für andere und sich selbst erzeugen. Es gibt einen Forschungsstrang der mathematischen Systemtheorie, der voraussetzt, dass jeder Akteur seinen eigenen privaten Nutzen optimieren möchte: etwa seinen Reichtum, seinen Freizeitwert, seine Reisedauer und anderes Angenehme mehr. Das Braess-Paradoxon ist ein fulminantes Sinnbild dafür, dass das globale Wohlergehen aller unter einer lokal egozentrischen Denkweise leiden kann und dass Kooperation für alle besser ist. Das ist eine wichtige Metapher für unser modernes Leben.

3. Warum Prognosen häufig falsch sind

Verfälschungen aller Art

Verzerrt und verkehrt

Das Jahr 1936 war in Amerika ein Wahljahr: Präsidentschaftswahl. Der Herausforderer Alf Landon trat gegen den Amtsinhaber Franklin D. Roosevelt an. Die Zeitschrift *Literary Digest* hatte im Vorfeld jeder Präsidentschaftswahl seit 1916 erfolgreich den Gewinner prognostiziert. Zur Erstellung ihrer Prognose für die 1936er-Wahl unternahmen die Herausgeber des *Digest* Anstrengungen von ungeahnten Ausmaßen. Es wurden Fragebögen an mehr als 10 Millionen Wahlberechtigte verschickt, verbunden mit der Bitte um Beantwortung, für wen der Empfänger bei der Wahl votieren werde. Namen und Adressen hatte man aus amtlichen Listen von PKW- und Telefonbesitzern gewonnen. Von den Adressaten antworteten 2,3 Millionen in brauchbarer Weise.

Zur selben Zeit versuchte ein gewisser Georg Gallup, mit einer Stichprobe von nur 50 000 Befragten eine eigene Prognose zu erstellen.

Mit der Stichprobe von mehr als zwei Millionen im Rücken prognostizierte der *Digest*, dass Alf Landon mit 57 Prozent gegen 43 Prozent erdrutschartig gewinnen werde. Gallups Bemühungen wurden im Vergleich mit der größten je durchgeführten Fragebogenaktion der Geschichte, auf die sich seine Konkurrenz selbstbewusst stützen konnte, nur belächelt. Ein Informationspool von dieser Größenordnung, wie ihn der *Digest* kompiliert hatte, wie könnte er zu falschen Ergebnissen führen?

Nur von wenigen wurde Gallups Prognose ernst genommen. Zudem hatte er fast als Einziger den Amtsinhaber Roosevelt als abermaligen Sieger vorhergesagt.

Das Ergebnis? Ist Geschichte!

Es gab tatsächlich einen Erdrutsch. Doch zugunsten von Roosevelt. Er erhielt unglaubliche 62 Prozent der Stimmen.

Ereignisunverzerrtester Tag des Jahrhunderts

Es gibt Ereignisse, die brennen den Tag, an dem sie passieren, für immer in unser Gedächtnis ein. Das passierte dem 11. September 2001. Ein Tag, an dem sehr Relevantes geschah.

Man kann sich auch für das Gegenteil interessieren: den langweiligsten, ereignisärmsten Tag, an dem nichts von großer Bedeutung passiert ist. Der Wissenschaftler William Tunstall-Pedoe hat sich genau dafür interessiert. Er fütterte seinen Computer mit allen rund 300 Millionen Daten über Menschen, Tiere, Sensationen, über Ereignisse aller Art und Un-Art, die es irgendwo auf der Welt, irgendwann seit 1900 in die Medien schafften. Dann ließ er ihn in diesem Datenpool herumstöbern, Beziehungen knüpfen und Zusammenhänge herstellen, um die Bedeutung von Einzelereignissen einzuschätzen.

So vorbereitet, fragte der Wissenschaftler seinen Computer nach dem langweiligsten Tag des 20. Jahrhunderts.
Die Antwort des Rechners: Das war der 11. 4. 1954.

An diesem Tag passierte auf der Welt nichts Nachhaltiges oder medial Bedeutendes, außer einer unwichtigen Wahl in Belgien. Hat man es mit Hochschulpolitik, könnte man noch die Geburt des späteren Universitätspräsidenten Abdullah Atalar vermerken.

Der langweiligste Tag des Jahrhunderts war übrigens ein Sonntag. Ein Tag, an den man sich nicht erinnern wird.

Außer natürlich, man ist Abdullah Atalar.

Wie konnte das geschehen? Wie konnte der renommierte *Literary Digest* mit einer derart großen Stichprobe als Basis so eklatant danebenliegen?

Ein ähnliches Beispiel ist die Präsidentschaftswahl 1948 zwischen Harry Truman und seinem republikanischen Herausforderer Thomas Dewey. Auch hier hatten die meisten Umfrageinstitute bis zuletzt den Sieg des Herausforderers vorhergesagt. Eine renommierte Zeitung titelte sogar wie folgt:

Abbildung 48: Wahlsieger Harry Truman mit Titelseite am Tag nach der Wahl

Die Antwort ist in beiden Fällen leicht zu geben. Die Falschprognosen basierten nicht auf *repräsentativen* Stichproben. Repräsentativ ist eine Stichproben dann, wenn sie die Gesamtpopulation der Wähler im Kleinen widerspiegelt.

Besonders die Stichprobe des *Digest* war erheblich unausgewogen. Bei einer Fragebogenaktion hängen die Ergebnisse davon ab, wer den Fragebogen erhält und – noch wichtiger – wer sich entscheidet, ihn ausgefüllt zurückzuschicken. Der *Digest* hatte die Fragebögen nur an registrierte Auto- und Telefonbesitzer versandt. Doch damals, immerhin war es kurz nach der Wirtschaftskrise, hatten Auto und Telefon einen ganz anderen Stellenwert als heute. Es waren Luxusobjekte, die nur von gut situierten Menschen angeschafft werden konnten.

Insofern war die Grundmenge der *Digest*-Befragung tendenziös verzerrt in Richtung wohlhabender Wählergruppen, die traditionell eher den republikanischen Kandidaten zugetan sind: Alf Landon im vorliegenden Fall.

Ein zweiter Aspekt verstärkte die Verfälschung. Die Stichprobe des *Digest*, also die Gesamtzahl der an die Zeitschrift zurückgesandten Fragebögen, war *selbstselektiert*. Sie enthielt naturgemäß nur die Meinung jener Personen, die auf die Anfrage geantwortet hatten. Doch Roosevelt war Amtsinhaber, und ein Befund moderner Wahlforschung, auf damals angewendet, besagt: Jene, die seiner Politik negativ gegenüberstanden, haben mit größerer Wahrscheinlichkeit den Fragebogen zurückgeschickt als jene, die eher zufrieden waren mit seiner Amtsführung oder ihr zumindest neutral gegenüberstanden.

Diese beiden Verzerrungseffekte korrumpierten die Stichprobe des *Digest* in fundamentaler Weise. Wäre die Stichprobe ein Klavier, könnte man sagen, es sei hoffnungslos verstimmt. Wäre die Stichprobe ein Spazierstock, wäre er gefährlich verbogen.

Wenn eine Stichprobe verzerrt ist, kann auch ihre enorme Größe diesen Schaden nicht reparieren. Verzerrung lässt sich nicht durch Quantität heilen. Es gibt hier kein Umschlagen von Quantität in Qualität. Im Gegenteil, wenn Verzerrung vorliegt, wird diese durch zunehmende Quantität sogar gefestigt und vertieft. Mit einer vergleichsweise kleinen Stichprobe – wie der von George Gallup – lassen sich, wenn sie nur repräsentativ ist, präzisere Ergebnisse erzielen.

Vorteil der Unverzerrtheit

Selbst mit winzigsten Stichproben kann man ziemlich genau auf die Gesamtmenge schließen, wenn der kleine Teil unverzerrt ist. Nur deshalb funktioniert überhaupt eine polizeiliche Blutentnahme. Ein Polizist muss bei einem Autofahrer nicht das ganze Blut ablassen, um festzustellen, wie viel Alkohol dieser im Blut hat. Schon 10 Milliliter der rund 6 Liter umfassenden Gesamtmenge reichen aus. Das liegt daran, dass der Alkohol gleichmäßig im gesamten Blutvolumen verteilt ist und nicht, zum Beispiel, von einigen Organen gehortet wird.

> **Pi x anders**
>
> Ein durchschnittlicher Mann, der eine 0,7-Liter-Flasche Wodka trinkt, hat danach einen Alkoholspiegel von Pi Promille.

Übrigens: Die Fehlprognose des Wahlausgangs war nicht nur eine Blamage. Sie wuchs sich zu einem Fiasko aus, von dem sich der *Literary Digest* nicht mehr erholen sollte. Seine Publikation wurde nach fortgesetztem Imageverlust und Leserschwund 1938 eingestellt.

Und der Begriff «Gallup-Poll» wurde weltweit zum Synonym für präzise Meinungsumfragen auf der wissenschaftlichen Basis der Wahrscheinlichkeitstheorie.

Noch eine Fehlprognose

«Niemand wird je mehr als 640 Kilobyte Speicherplatz brauchen.»

Ein Satz, den Bill Gates im Jahr 1981 gesagt haben soll →

Mag sein, dass obige Prognose vor dreißig Jahren plausibel war. Heutzutage werden irrsinnig große Datenmengen verschoben. Doch wenn Sie dachten, das geschehe nur im Internet, dann haben Sie eine ganz klassische Art übersehen: Schon ein einziges Spermium enthält 38 Megabyte an DNA-Daten. Eine Ejakulation, nur einmal als Datentransfer gewürdigt, überträgt 1500 Terabyte in gerade mal drei Sekunden. Die Speicherkapazität unseres Gehirns mit seinen 100 Milliarden Nervenzellen wird dagegen meist mit weniger als 1 Terabyte angegeben.

Verfälschungen sind ein verbreitetes Übel. Sie können sich sehr versteckt einschleichen. Wenn etwa mit einer Erhebung die durchschnittliche Anzahl der Kinder pro Frau ermittelt werden soll, so wäre es falsch, in Schulen zu gehen und einer Stichprobe von Schülern die Frage nach der Kinderzahl ihrer Mütter zu stellen. Denn auf diese Weise sind Frauen *mit* Kindern überdurchschnittlich stark in der Stichprobe vertreten. Und Frauen *ohne* Kinder tauchen darin überhaupt nicht auf. Je mehr Kinder eine Frau hat, desto größer ist die Wahrscheinlichkeit, dass eines ihrer Kinder in der Stichprobe enthalten ist.

Systematisch gerät auf diese Weise eine verfälschende Tendenz in die Daten. Sie zerstört deren Repräsentativität, weil man indirekt eine Stichprobe von Frauen *mit Kindern* erhoben hat statt eine Stichprobe von Frauen. Die Auswahl muss so getroffen werden, dass jede Frau dieselbe Wahrscheinlichkeit hat, in die Stichprobe zu gelangen. Doch bei Befragung von Schülern nach ihren Müttern ist das nicht der Fall.

Ist die Stichprobe aber tendenziös, ist sie unbrauchbar, wenn der Verzerrungseffekt nicht korrigiert oder herausgerechnet werden kann.

Ist die Stichprobe dagegen repräsentativ, so ist sie selbst bei relativ geringem Umfang noch verlässlich.

Klein und repräsentativ schlägt groß und verzerrt.

Um die versteckte Entstehung von Verzerrung weiter zu verdeutlichen, sehen wir uns die folgende Vorgehensweise zur Ermittlung der durchschnittlichen Größe von Haushalten an: Wie viele Menschen leben im Schnitt in einem Haushalt zusammen?

Eine repräsentative Stichprobe von Haushalten wird anhand einer Adressdatei ausgewählt. Anschließend besucht ein Interviewer die ausgewählten Adressen, um zu erfragen, wie viele Menschen in den betreffenden Haushalten zusammenleben. Bei einer Reihe von Haushalten trifft der Fragesteller niemanden an und streicht diese Haushalte aus seiner Liste. Am Ende bildet er das Mittel über die Anzahl der Mitglieder in jenen Haushalten, wo er jemanden angetroffen hat. Das ist dann sein Ermittlungsergebnis für die Frage nach der durchschnittlichen Größe von Haushalten.

Wie würden Sie die Vorgehensweise kommentieren? Und was ist zur Qualität des errechneten Durchschnitts zu sagen?

Es klingt nach einer seriösen Methode, oder? Jedenfalls zunächst. Bei genauerem Nachdenken stellt man aber ein Defizit fest.

Es ist nämlich davon auszugehen, dass dieser Ansatz einen systematischen Fehler enthält, und zwar zugunsten großer Haushalte. Denn bei Singlehaushalten und generell allen Haushalten, die nur eine geringe Größe haben, ist es wahrscheinlicher, dass der Interviewer niemanden antrifft, als bei großen, sechs oder mehr Personen umfassenden Haushalten, in denen mehrere Generationen zusammenleben.

Kleine Haushalte haben eine größere Wahrscheinlichkeit, vom Interviewer aus seiner Liste gestrichen werden zu müssen, als große Haushalte. Deshalb sind große Haushalte unter den Daten so gut wie sicher überrepräsentiert. Und wenn etwas überrepräsentiert ist, dann ist die Stichprobe natürlich nicht mehr repräsentativ. Und *nicht repräsentativ* bedeutet verzerrt und im Ergebnis falsch.

Die in oben beschriebener Weise erhobene Stichprobe ergibt einen Durchschnitt, der gegenüber dem gesuchten Durchschnitt zu groß sein wird.

Eine weitere Überlegung wird diesen Punkt überdeutlich machen. Dazu betrachten wir die Lebenserwartung bestimmter Berufsgruppen.

Wenn man glaubt, Kardinal sein ist gesund, weil die doch so alt werden

Kardinäle erreichen bekanntlich recht hohe Lebensalter. Sie leben im Schnitt viel länger als die Mitglieder anderer Berufsgruppen. Ihre mittlere Lebenserwartung liegt weit oberhalb des Wertes für die Gesamtbevölkerung.

Ist dieser Beruf also der Gesundheit förderlicher als andere?

Sind Kardinäle gesundheitsbewusster als der Rest von uns?

Das wohl nicht.

Jedenfalls lässt sich beides nicht aus der erwähnten Tatsache ableiten. Sicher ist aber, dass auch hier eine systematische Verzerrung zugrunde liegt. Denn es verhält sich ja so, dass die Berufung zum Kardinal überhaupt erst in relativ hohem Alter erfolgt. Alle Personen, Bischöfe speziell, die vor dem üblichen Kardinaleintrittsalter sterben, sind damit per se aus dem Rennen und nicht in der Stichprobe enthalten. Mehr ist nicht nötig, um das hohe mittlere Sterbealter bei Kardinälen zu erklären.

Wirklichkeit oder Fälschung?

Wie kann man feststellen, ob Zahlen aus der Wirklichkeit stammen oder gefälscht worden sind?

Das ist eine wichtige Frage. Mit Sicherheit kann man das natürlich nicht klären, aber manchmal finden sich starke Indizien für Datenmanipulation. Es gibt ein Verfahren, das heutzutage schon von der US-amerikanischen Steuerbehörde eingesetzt wird, um erste Hinweise auf gefälschte Steuererklärungen zu bekommen, denen Ermittler dann weiter nachgehen können.

Das Verfahren wirkt befremdlich. Es basiert auf einer Häufigkeitszählung der neun möglichen *Anfangsziffern* aller in der Steuererklärung auftretenden Zahlen. →

Ich gebe Ihnen ein Beispiel: Nehmen wir einmal an, die Steuerbehörde habe bei zwei Steuererklärungen ausgezählt, wie viele der angegebenen Zahlen mit einer 1 beginnen, wie viele mit einer 2 und so weiter bis hin zur Anfangsziffer 9.

Die Ergebnisse seien wie folgt:

Anfangsziffer	1	2	3	4	5	6	7	8	9
Anzahl in Steuererklärung I	29	19	9	11	10	9	4	4	5
Anzahl in Steuererklärung II	13	11	8	12	11	14	9	9	13

In der ersten Steuererklärung traten 29 Zahlen mit Anfangsziffer 1 auf, also rund 30 Prozent, während die großen Ziffern als Anfangsziffer nur bei jeweils etwa 5 Prozent der Zahlen vertreten waren.

In der zweiten Steuererklärung streuen die Anteile der neun möglichen Anfangsziffern um rund 11 Prozent.

Mit welcher Steuererklärung stimmt höchstwahrscheinlich etwas nicht? Sie denken wahrscheinlich, es ist die erste. Richtig?

Die Häufigkeiten der einzelnen Anfangsziffern sind in der ersten Steuererklärung stark unterschiedlich. Wenn die Daten mehr oder weniger willkürlich sind, jedenfalls ohne Rücksicht auf Anfangsziffern in einem Datensatz auftreten, wie das bei den Finanzdaten in Steuererklärungen ja zu erwarten ist, sollte jede Anfangsziffer im Schnitt mit derselben Häufigkeit auftreten, also im Schnitt mit dem Anteil $100/9 = 11$ Prozent. Unter hundert Zahlen würde man dann Zahlen mit den verschiedenen Anfangsziffern jeweils etwa 11-mal erwarten.

Nicht wahr? Das erwartet man einfach: dass keine Ziffer gegenüber einer anderen Ziffer in der ersten Position der Zahlen bevorzugt ist. Das ist aber nicht richtig. Seltsamerweise verhalten sich beliebig ausgewählte Ansammlungen von Zahlen ganz anders. Die Häufigkeiten der Ziffern verhalten sich gemäß der sogenannten Benford-Verteilung:

$\rightarrow$

Anfangsziffer	1	2	3	4	5	6	7	8	9
Häufigkeit in %	30,1	17,6	12,5	9,7	7,9	6,7	5,8	5,1	4,6

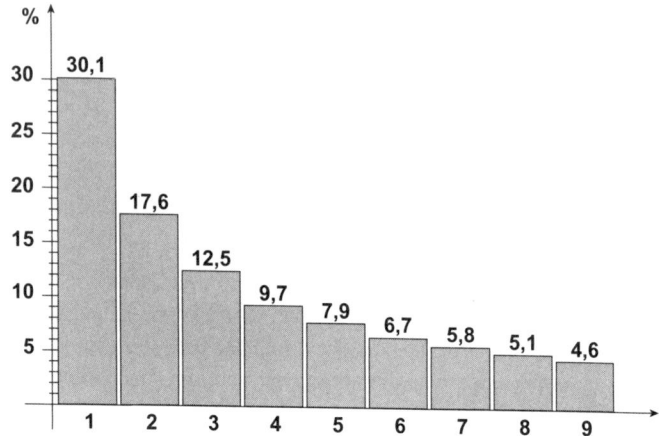

Abbildung 49: Grafische Darstellung der Wahrscheinlichkeiten gemäß der Benford-Verteilung

Das bedeutet, es treten im Schnitt mehr als 6-mal so viele Anfangs-Einser wie Anfangs-Neuner auf. Dieses höchst kuriose Resultat zeigt sich bei sehr verschiedenartigen Datensätzen, von Aktienkursnotierungen über Längen von Flüssen bis zu Einwohnerzahlen von Ländern.

Falls Ihnen das unglaublich erscheint, dann lassen Sie uns doch ein kleines Experiment machen. Sie und ich nehmen jeweils irgendeine Zeitung. Und beginnend mit der Titelseite, notieren wir die Anfangsziffern der ersten hundert Zahlen oder Zahlwörter, die im Text auftreten. Bei mir war es die *Frankfurter Allgemeine Sonntagszeitung* vom 23. 6. 2013, deren erste Zahlen und Zahlwörter die folgenden sind:

→

«Jede siebte Drohne»	ergibt	7
«Zweimal falsch informiert»	ergibt	2
«87»	ergibt	8
«In allen Teilstreitkräften 124 durch»	ergibt	1

Für die ersten hundert gefundenen Zahlen und Zahlwörter der Zeitung erhielt ich:

Anfangsziffer	1	2	3	4	5	6	7	8	9
Häufigkeit	28	18	13	10	8	7	6	5	5

Das ist schon ein recht guter Beleg für die Abweichung von der Gleichverteilung. Und die Häufigkeiten liegen in der Nähe der nach Benford zu erwartenden Zahlen. Die Streuungen um die Benford-Häufigkeiten sind der geringen Anzahl von nur hundert ausgezählten Zahlen und Zahlwörtern geschuldet.

Noch eindrucksvoller ist die Übereinstimmung für einen großen Datensatz,[7] der Angaben über den Profit von 81 259 französischen Firmen enthält:

Anfangsziffer	Erwarteter Anteil nach Benford-Verteilung	Tatsächlicher Anteil nach Auszählung
1	0,3010	0,2991
2	0,1761	0,1742
3	0,1249	0,1251
4	0,0969	0,0984
5	0,0793	0,0790
6	0,0669	0,0672
7	0,0580	0,0585
8	0,0512	0,0523
9	0,0458	0,0464

Wenn Sie es immer noch nicht glauben, machen wir ein kleines Spiel daraus: Nennen wir es das Benford-Google-Spiel. →

Sie und ich wählen zehn beliebige Begriffe, die wir in Google eingeben. Falls die erste Ziffer der Google-Zählung bei Eingabe jeweils eines Begriffs eine 1, 2 oder 3 ist, dann gewinne ich; wenn sie eine 4, 5, 6, 7, 8 oder 9 ist, dann gewinnen Sie.

Hört sich gut an für Sie?

Ist aber günstig für mich.

Probieren Sie es ruhig aus.

Wie lässt sich Benfords Gesetz erklären?

Nehmen wir uns dazu einmal die natürlichen Zahlen vor. Angenommen, wir seien beim Abzählen bis zur Zahl 9999 gekommen und hätten Buch geführt über die Häufigkeiten der neun Anfangsziffern. Dann ist unsere Buchführung ziemlich ausgeglichen. Alle neun Zahlen kommen etwa mit Anteilen von rund 11 Prozent vor. Es gibt nur geringe Unterschiede.

Wenn Sie nun aber weiterzählen, beginnen die nächsten zehntausend Zahlen alle mit der Ziffer 1, was den Anteil der Zahlen mit Anfangsziffer 1 auf etwa 55 Prozent hochschnellen lässt. Der Anteil der anderen Anfangsziffern fällt auf jeweils knapp 6 Prozent.

Zählt man immer noch weiter, bis 99 999, hat keine dieser weiteren Zahlen eine führende 1, und der Anteil der Anfangs-Einser fällt wiederum auf rund 11 Prozent. Mittelt man im Verlauf über größer und größer werdende Zahlen, so ergibt sich als gemittelter Prozentsatz für die Anfangs-Eins gerade der Benford-Prozentsatz von 30,1 Prozent. Dieser Zählvorgang erzeugt auch die Häufigkeiten der anderen Ziffern mit den Benford-Prozenten.

Abschließend sei noch eine nützliche Anwendung erwähnt: Bei der Präsidentschaftswahl 2009 im Iran standen vier Kandidaten zur Wahl: Ahmadinedschad, Moussawi, Karroubi und Rezai. Es gab verbreitete Vorwürfe, dass das Wahlergebnis großflächig gefälscht war. Datenwissenschaftler haben die Daten aus 336 Wahlkreisen und 40 Millionen abgegebenen Stimmen, jeweils zwischen 1000 und 100 000 pro Wahlkreis, mit der Benford-Verteilung analysiert. Die Analyse kommt zu dem Schluss, dass eine Manipulation   →

vorgenommen wurde. Auch diese Daten folgen nämlich der Benford-Verteilung. Doch Datenfälscher wissen das in der Regel nicht und erzeugen Zahlen, deren Anfangsziffern sich nicht benfordgemäß verhalten.

Neben der Frage, ob überhaupt eine Verzerrung vorliegt, interessiert natürlich die Stärke einer vorhandenen Verzerrung. Um die Stärke von Verzerrungen einzuschätzen, kehren wir für einen Nachgedanken zum Thema der durchschnittlichen Kinderzahl von Frauen zurück. Wählt man Schüler an einer Schule willkürlich aus und befragt sie nach der Zahl der Kinder ihrer Mütter, so kann mit den gewonnenen Daten das angestrebte Ziel nicht unverfälscht erreicht werden. Davon hatten wir uns bereits überzeugt. Besser und richtig ist es, Frauen – statt Kinder – repräsentativ auszuwählen und die Kinderzahl zu erfragen.

Hierzu gibt es eine einleuchtende Analogie aus einem anderen Kontext, den wir auch schon besprochen haben: Wenn man die mittlere Geschwindigkeit der Fahrzeuge auf einer Straße bestimmen will und zu diesem Zweck die Geschwindigkeit aller Fahrzeuge misst, die an einem *festen Punkt* während eines Zeitintervalls vorbeifahren, so wird man auch hier ein nach oben verfälschtes Ergebnis erhalten. Denn überproportional viele schnelle Autos werden an diesem Punkt vorbeikommen. Je schneller ein Auto nämlich fährt, umso größer ist überhaupt die Wahrscheinlichkeit, dass es in einem gewissen Zeitfenster am Messpunkt vorbeikommt. Unverfälschtheit könnte dagegen erreicht werden, würden die Geschwindigkeiten *aller* Fahrzeuge zu einem *festen Zeitpunkt* bestimmt.

Um diese Überlegungen nun durch Zahlen zu stützen, sei ein zwar vereinfachtes, aber nützliches Modell zu Rate gezogen. Es besteht aus zwei Kisten und einer Maschine. Die Maschine packt willkürlich jeweils entweder eine oder zwei Kugeln in die beiden Kisten,

und zwar mit der Wahrscheinlichkeit von jeweils 1/2. In einer konkreten Anwendungssituation könnte es sich vereinfacht um Kinder pro Frau, Mutationen pro Gen oder Passagiere pro Auto handeln.

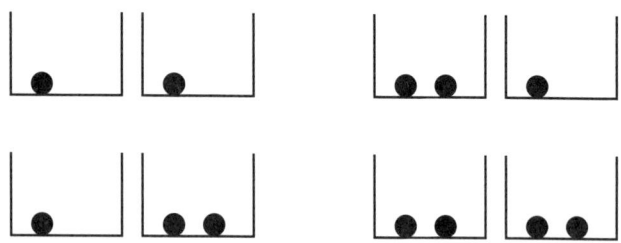

Abbildung 51: Kugeln in Kisten, vier verschiedene Möglichkeiten

Angenommen, wir haben keine Ahnung davon, wie die Maschine die Kisten füllt, interessieren uns aber für die mittlere Anzahl der Kugeln pro Kiste – zum Beispiel der mittleren Anzahl von Kindern je Frau. Dann würde eine Kiste eine Frau darstellen, und die Kugeln in der Kiste wären die Kinder der Frau.

Es gibt zwei Strategien:

Wählt man eine der beiden Kisten willkürlich aus und inspiziert die Anzahl ihrer Kugeln, so wird diese Anzahl mit der Wahrscheinlichkeit 1/2 gleich 1 und mit derselben Wahrscheinlichkeit 1/2 gleich 2 sein. Im Mittel sind es also $m = 1{,}5$ Kugeln. Das ist der Durchschnitt der Zahl der Kugeln pro Kiste. Im übertragenen Sinn ist es die mittlere Zahl der Kinder je Frau.

Wählt man aber willkürlich eine Kugel aus allen Kugeln in beiden Kisten aus und notiert, wie viele Kugeln in der Kiste sind, aus der die gewählte Kugel kommt, so sieht die Sache anders aus. Diese Herangehensweise entspricht im übertragenen Sinn der willkürlichen Auswahl eines Schülers aus allen Schülern und der Erfragung der Kinderzahl seiner Mutter.

Wie groß ist dieses Mittel?

Wir müssen das Mittel der Anzahl der Kugeln in jener Kiste berechnen, zu der die zufällig ausgewählte Kugel gehört. Nennen wir diese Anzahl Z. Für die Analyse eignet sich ein Baumdiagramm in besonderer Weise. Schreiben wir N_1 und N_2 für die Anzahl der Kugeln in Kiste 1 und Kiste 2. Diese Anzahlen sind mit Wahrscheinlichkeiten von jeweils 1/2 entweder gleich 1 oder 2. Damit sind wir auch schon bei diesem Baumdiagramm:

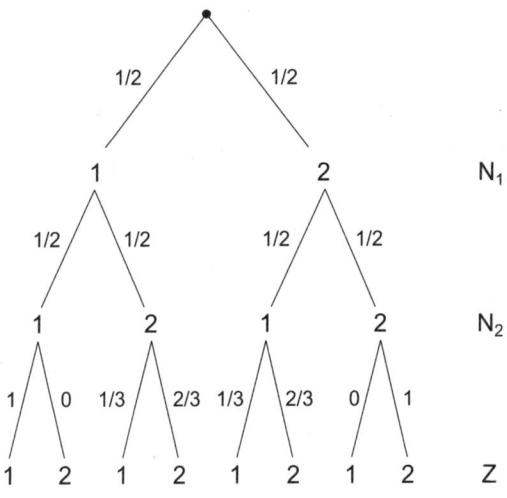

Abbildung 52:
Baumdiagramm
für das Beispiel
der zwei Kisten

Wenn sowohl $N_1 = 1$ als auch $N_2 = 1$ ist und eine dieser beiden Kugeln willkürlich gezogen wird, dann ist sie natürlich in jedem Fall die einzige Kugel in ihrer Kiste. In diesem Fall wird immer $Z = 1$ sein. So erklärt sich die Wahrscheinlichkeit 1 am unteren Teil des ganz linken Pfades im Baumdiagramm. Die anderen Wahrscheinlichkeiten sind aufwendiger zu ermitteln, aber nicht viel. Sie sollten versuchen, jeden der Einträge im Baumdiagramm zu verstehen.

Ist das geschehen, fragen wir als Nächstes: Mit welcher Wahrscheinlichkeit nimmt die Größe Z den Wert 1 an?

Man gelangt zu dieser Wahrscheinlichkeit durch Aufsummieren der Produkte von Wahrscheinlichkeiten entlang derjenigen Pfade, die zum Wert $Z = 1$ führen. Sie beträgt:

$$\frac{1}{2} \cdot \frac{1}{2} \cdot 1 + \frac{1}{2} \cdot \frac{1}{2} \cdot \frac{1}{3} + \frac{1}{2} \cdot \frac{1}{2} \cdot \frac{1}{3} + \frac{1}{2} \cdot \frac{1}{2} \cdot 0 = \frac{5}{12}$$

Und die Wahrscheinlichkeit für den Fall $Z = 2$ ist die Restwahrscheinlichkeit:

$$1 - \frac{5}{12} = \frac{7}{12}$$

Um von hier zum Mittel zu kommen – nennen wir es M –, müssen wir jetzt nur noch das gewichtete Arithmetische Mittel der beiden möglichen Werte 1 und 2 von Z errechnen. Die Gewichte in dieser kleinen Rechnung sind die Wahrscheinlichkeiten, mit denen bei Z die beiden möglichen Werte auftreten:

$$M = \frac{5}{12} \cdot 1 + \frac{7}{12} \cdot 2 = \frac{19}{12}$$

Dieses Mittel ist größer als das zuvor aus anderer Perspektive bestimmte Mittel $m = 3/2 = 18/12$. Der Unterschied beträgt $1/12$. Diese Verzerrung von $1/12$ geht in Richtung größerer Kugelzahl pro Kiste, also größerer Kinderzahl je Frau. Die Vergrößerung hat sich durch die nicht problemgerechte Art des Auswählens der Kugeln ergeben. Das ist die Größenordnung des Fehlers, den man diesem verfehlten Ansatz ankreiden muss.

Frei nach Aldous Huxley

Alle Zahlen sind gleich, aber einige sind gleicher. Manchmal schleichen sich auch Verzerrungen ein bei der Bemühung, Fairness herzustellen:

Bei der ersten Ziehung der Glücksspirale im Jahr 1971 wurde die 7-ziffrige Gewinnzahl dadurch ausgelost, dass aus einer Trommel mit 70 Kugeln – je 7 davon waren beschriftet mit den Ziffern 0, 1, 2, …, 9 – nacheinander sieben Kugeln gezogen wurden, ohne die einmal gezogenen wieder zurückzulegen. Ziel war es, allen Zahlen aus sieben Ziffern dieselbe faire Chance zu geben, Glückszahl zu werden.
Denn welche Zahl würde nicht gern Glückszahl sein wollen?
Die Chancengleichheit im Reich der Zahlen wurde aber mit diesem Verfahren der Ziehung verfehlt.

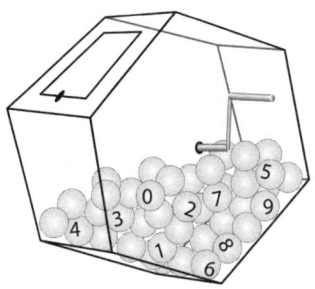

**Abbildung 53:
Trommel mit Zahlen**

Warum?
Die geringste Chance, Gewinnzahl zu werden, haben alle aus gleichen Ziffern bestehenden Zahlen. Die Wahrscheinlichkeit für die Zahl 1 111 111 beträgt →

$$\frac{7}{70} \cdot \frac{6}{69} \cdot \frac{5}{68} \cdot \frac{4}{67} \cdot \frac{3}{66} \cdot \frac{2}{65} \cdot \frac{1}{64}.$$

Das liegt daran, dass anfangs 7 von 70 Kugeln in der Trommel eine «1» tragen, aber nachdem die erste «1» gezogen ist, sind es nur noch 6 von 69 Kugeln mit einer «1». Dieses Argument ist fortsetzbar, bis nach sechsmaligem Ziehen einer «1» nur eine «1» und 63 andere Zahlen in der Trommel verbleiben. Demnach ist der letzte Faktor 1/64.

Alle aus sieben verschiedenen Ziffern bestehenden Zahlen haben die größte Wahrscheinlichkeit, Gewinnzahl zu werden. Die Ziehungswahrscheinlichkeit für die Zahl 1234567 zum Beispiel berechnet sich als das Produkt

$$\frac{7}{70} \cdot \frac{7}{69} \cdot \frac{7}{68} \cdot \frac{7}{67} \cdot \frac{7}{66} \cdot \frac{7}{65} \cdot \frac{7}{64}.$$

Die Begründung gleicht der obigen, nur dass von der als Nächstes benötigten Ziffer immer 7 Kugeln in der Trommel sind (und nicht schrittweise immer weniger). Deshalb sind alle Faktoren im Zähler gleich 7, während die Nenner infolge der Kugelentnahme schrittweise kleiner werden.

Beide errechneten Wahrscheinlichkeiten unterscheiden sich natürlich voneinander. Aber wie stark?

Der Quotient beider Wahrscheinlichkeiten ist der Wert

$$\frac{7 \cdot 7 \cdot 7 \cdot 7 \cdot 7 \cdot 7 \cdot 7}{7 \cdot 6 \cdot 5 \cdot 4 \cdot 3 \cdot 2 \cdot 1} = 163.$$

Das bedeutet: Zahlen mit verschiedenen Ziffern haben eine 163-mal größere Chance, bei diesem Ziehungsverfahren Gewinnzahl zu werden, als Zahlen mit gleichen Ziffern.

Bei vielen Umfragen kommen Verfälschungen auch deshalb ins Spiel, weil die Befragten, aus welchen Gründen auch immer, nicht wahrheitsgemäß antworten. Naturgemäß passiert das oft, wenn es sich um heikle Themen handelt, wie zum Beispiel Steuerhinterziehung, Ladendiebstahl oder Alkohol am Steuer. Bei diesen und ähnlichen Themen bringt es wenig, die Menschen direkt zu befragen. Für Umfragen mit heiklen Fragen gibt es stattdessen das *Verfahren der Zufallsantworten.*

Eine ausgeklügelte Art der Befragung gewährleistet dem Befragten dabei die Anonymität seiner Antwort durch Vorschaltung eines Zufallsmechanismus. Gleichzeitig ermöglicht es dem Fragesteller, aus der Summe aller Antworten unverzerrt auf die gesuchte Größe zu schließen. Das Verfahren funktioniert nicht nur bei Fragen mit qualitativen Inhalten, wie etwa

Sind Sie schon einmal unter Alkoholeinfluss Auto gefahren?
(J/N)

Auch für Fragen, die quantitativ beantwortet werden müssen, kann es eingesetzt werden. Ich zeige Ihnen ein bewusst einfach gehaltenes Beispiel:

Ein Lehrer könnte sich etwa dafür interessieren, wie viele seiner Schüler bei wie vielen Klassenarbeiten abgeschrieben haben. Er will aber die Schüler nicht direkt befragen, da er darauf nicht mit ehrlichen Antworten rechnet. Wie kann er die direkte Art des Fragens so abwandeln, dass ehrliche Antworten zustande kommen?

Nehmen wir vereinfachend an, es habe nur zwei Klassenarbeiten gegeben. Die direkte Frage des Lehrers würde lauten:

Bei wie vielen unserer beiden Klassenarbeiten hast du
vom Nachbarn abgeschrieben?

Die möglichen Antworten sind hier 0, 1, 2.

Um den 32 Schülern der Klasse Anonymität bei ihren Antworten zuzugestehen, sollen sie verdeckt das Glücksrad in Abbildung 54 drehen – das ist der vorgeschaltete Zufallsmechanismus – und dann den Ausfall als Antwort angeben.

Abbildung 54:
Glücksrad mit vier
möglichen gleich wahr-
scheinlichen Ausfällen

Nur im Schnitt jeder vierte Schüler beantwortet also die heikle Frage, dann aber, so wird angenommen, wahrheitsgemäß, da seine Antwort durch den eingebauten Zufall anonymisiert ist. Da der Schüler das Glücksrad ohne Einblick des Lehrers gedreht hat, weiß dieser nicht, worauf sich die Antwort des Schülers bezieht.

Als Ergebnis erhalte der Lehrer folgende Häufigkeitsverteilung der Antworten seiner 32 Schüler:

Antwort	0	1	2
Anzahl der Schüler	9	12	11

Das ist die durch das Glücksrad modifizierte Häufigkeitsverteilung der Antworten.

Wie sind diese Zahlen zu deuten?

Der Lehrer muss zur tatsächlichen Verteilung der Antworten zurückrechnen:

Ein Viertel der 32 Schüler wird die Frage auf dem Glücksrad erhalten und, so ist zu hoffen, wahrheitsgemäß beantwortet haben. Jeweils ein Viertel der 32 Schüler wird als Ausgang des Glückrades jeweils 0, 1, 2 erhalten haben und, so ist anzunehmen, dieses Ergebnis als Antwort verkündet haben.

Ein Viertel von 32 sind 8. Von allen Anzahlen in obiger Tabelle müssen also 8 abgezogen werden. Das ergibt die verbleibenden Häufigkeiten von 1, 4, 3 für die insgesamt 8 wahrheitsgemäß abgegebenen Antworten auf die eigentliche Frage. Diese 8 Antworten müssen wiederum auf die Gesamtzahl der 32 Schüler hochgerechnet werden. Das geschieht hier durch einfaches Multiplizieren der drei Häufigkeiten 1, 4, 3 mit der Zahl 32/8 = 4.

So erhält der Lehrer als Endergebnis seiner kleinen Erhebung diese Häufigkeitstabelle:

Bei wie vielen Arbeiten hast du geschummelt?	0	1	2
Anzahl der Schüler	4	16	12

Der Lehrer mag annehmen, dass diese Zahlen die wahren Verhältnisse sehr gut widerspiegeln. Jedenfalls aber der Wahrheit näher kommen als eine direkte Befragung.

Knobelzone

Auf dem Tisch steht ein Messbecher. Wir wissen, dass er irgendetwas zwischen 1 und 2 Liter Wasser enthält und genau 1 Liter Apfelsaft. Es handelt sich also um eine Schorle mit einem Wasser-Saft-Verhältnis V irgendwo zwischen 1 und 2. Demnach besteht eine 50-prozentige Wahrscheinlichkeit, dass die Größe V zwischen 1 und 1,5 liegt.

Jetzt ändern wir die Perspektive und betrachten das umgekehrte Verhältnis von Saft zu Wasser, also $1/V$. Dieses Verhältnis liegt irgendwo zwischen 0,5 und 1. Also ist die Wahrscheinlichkeit ebenfalls 50 Prozent, dass $1/V$ zwischen 0,75 und 1 liegt. Nimmt man den Kehrwert, kann man daraus folgern, dass mit 50-prozentiger Wahrscheinlichkeit die Größe V zwischen 1 und $1/0,75 = 1,33$ liegt.

Das ist ein anderes Ergebnis als beim ersten Anlauf. Warum ergeben sich zwei verschiedene Ergebnisse?

Lösung
Genau wie früher bei der Mittelbildung (Arithmetisches Mittel versus Harmonisches Mittel) heißt es auch beim Hantieren mit Wahrscheinlichkeiten zwei verschiedene Dinge tun, ob man mit einer Größe oder deren Kehrwert arbeitet. Der Übergang von einem Mischungsverhältnis zu dessen Kehrwert erzeugt Verzerrungen, wenn nicht auch richtig gemittelt wird.

Das kann man sich wie folgt verdeutlichen:

Nehmen wir an, wir haben zwei Messbecher vor uns. Beide enthalten genau 1 Liter Apfelsaft. Einer enthält zusätzlich 1 Liter Wasser und der andere zusätzlich 2 Liter Wasser. Das Wasser-Saft-Verhältnis V ist also im einen Fall gleich 1, im anderen Fall gleich 2. Im Arithmetischen Mittel ist das Wasser-Saft-Verhältnis V also 1,5.   →

Betrachten wir nun umgekehrt das Saft-Wasser-Verhältnis $1/V$, so ist es im einen Fall wieder gleich 1, im anderen Fall gleich 0,5. Im Arithmetischen Mittel ist das Saft-Wasser-Verhältnis $1/V$ also gleich 0,75. Doch nun gelangt man durch Bildung des Kehrwerts zwar zu V, aber der Kehrwert $1/0,75 = 1,33$ ist nicht das obige Arithmetische Mittel 1,5.

Das liegt daran, dass das Arithmetische Mittel der Kehrwerte von Zahlen nicht der Kehrwert des Arithmetischen Mittels der Zahlen ist. Vielmehr wissen wir aus unserer Untersuchung der verschiedenen Mittelwerte, dass der Kehrwert des Arithmetischen Mittels der Kehrwerte der Zahlen zum Harmonischen Mittel der Zahlen führt. Und richtig: Das Harmonische Mittel der Zahlen 1 und 0,5 ist $2/(1/1 + 1/0,5) = 2/(1 + 2) = 2/3$ mit dem Kehrwert $3/2 = 1,5$.

Mit diesem Gedankenexperiment wird die Verschiedenheit der Ergebnisse für ein Mischungsverhältnis und dessen Kehrwert deutlich.

Der Rede wert

Es kommt öfter vor, dass man Informationen über ein größeres Ganzes benötigt. Manchmal sind diese Informationen schwer oder gar nicht zugänglich, weil es sich zum Beispiel um ein Ereignis in der Zukunft handelt (etwa die Stimmenanteile der Parteien an einem baldigen Wahltag) oder das größere Ganze wirklich ausgesprochen groß ist (etwa die Bevölkerung eines Landes). Dann kann man sich so helfen, dass von einem Teil des größeren Ganzen, also mit einer Stichprobe, auf das Ganze hochgerechnet wird. Dieser Ansatz gelingt dann, wenn die Stichprobe repräsentativ für alles ist. Wenn Sie dagegen nicht repräsentativ ist, werden auch die Ergebnisse, die sie über die Grundgesamtheit liefert, im Schnitt nicht zutreffend sein. Auch die zunehmende Größe einer Stichprobe kann diesen Defekt nicht heilen. Im Gegenteil können die Verfälschungen durch zunehmende Quantität vertieft werden. Repräsentativität einer Stichprobe ist wichtiger als Quantität.

4. Warum die größten Väter nicht die größten Söhne haben

Der tiefe Drang zum Mittelmaß

Das Thema dieses Kapitels ist die *Regression*. Regression kommt vom lateinischen Begriff *regredi*[8] und bedeutet so viel wie Zurückgehen, Zurückführen. Bei der Regression werden Beziehungen zwischen verschiedenen Größen untersucht. Im einfachsten Fall werden Veränderungen bei einer Größe auf Veränderungen bei einer anderen Größe zurückgeführt. Konkret geht es darum, die Abhängigkeit einer Variablen Y, etwa des *Jahreseinkommens* eines Beschäftigten, von einer anderen Variablen X, etwa seiner *Körpergröße*, zu untersuchen, zum Beispiel mit dem Ziel, für spezielle Werte von X den Wert der Variablen Y vorherzusagen.

Sie schmunzeln vielleicht über die hier gewählten Beispielgrößen. Aber man kann wirklich den möglichen Zusammenhang zwischen allem und jedem untersuchen. Zwischen manchen Größen besteht natürlich kein Zusammenhang. Aber hier ist es anders. Es besteht tatsächlich eine Beziehung zwischen Körpergröße und Einkommen. Das hat das Deutsche Institut für Wirtschaftsforschung ermittelt und in einem griffigen Ergebnis festgehalten:

Vergleicht man zwei ansonsten gleich qualifizierte Männer, die sich in ihrer Körpergröße um 10 Zentimeter unterscheiden, so schlägt der Größenvorteil des einen, übers Jahr gesehen, mit durchschnittlich 2000 Euro zusätzlichem Bruttoeinkommen zu Buche.

Aber das nur am Rande. Es ging mir darum, die breite Anwendbarkeit der Methode zu erwähnen.

Die Regressionsanalyse ist in den Ingenieurs-, Wirtschafts-, Sozial- und Lebenswissenschaften tatsächlich die mit Abstand am häufigsten eingesetzte Methode zur Untersuchung von Zusammenhängen.

Befassen wir uns also nun damit, wie Regressionsanalyse funktioniert.

Der mathematische Rahmen der Regression wurde in seinen Grundzügen von dem englischen Statistiker Francis Galton entwickelt. In einer der ersten Anwendungen hat er sie eingesetzt, um einen Zusammenhang zwischen der Körpergröße von Eltern und ihren erwachsenen Kindern herzustellen.

Auch Galtons Zeitgenosse Karl Pearson hat später in einer groß angelegten Unternehmung Daten der Größe von 1078 Vätern und ihren Söhnen erhoben.[9]

"Front row, second from the right."

Abbildung 55:
«Erste Reihe, Zweiter von rechts.» Cartoon von Larry Katzman

Die Daten sind in Abbildung 56 veranschaulicht. Neben den Datenpunkten enthält das Achsensystem die *Regressionsgerade*. Das ist die Gerade, welche die geringste Summe vertikaler Abstände von allen Datenpunkten hat. In diesem Sinne können Sie sich die Regressionsgerade vorstellen als jene Linie, die den Daten global am besten gerecht wird. Die zweite Linie in Abbildung 56 ist die Winkelhalbierende des Sektors, in dem die Datenpunkte liegen.

Die Regressionsgerade ist brauchbar, um allerlei nützliche Schlüsse aus den Daten zu ziehen: Ihr kann zum Beispiel die im Schnitt auftretende Veränderung der Variablen auf der Hochachse entnommen werden, wenn die Variable auf der Rechtsachse variiert wird. Und manches mehr, wie wir noch sehen werden.

Die Punktwolke der Daten zeigt, dass die Punkte nicht um die Winkelhalbierende streuen. Das ist die Gerade, die den Sektor des Achsensystems genau halbiert. Sie beginnt im Schnittpunkt der Achsen. Es hilft der Intuition, wenn man versteht, dass alle Datenpunkte exakt auf der Winkelhalbierenden lägen, wären die Söhne stets genauso groß wie ihre Väter. Das ist aber nicht der Fall, nicht einmal im Mittel: Die Größe der Söhne variiert nicht gleichmäßig um die Größe ihrer Väter.

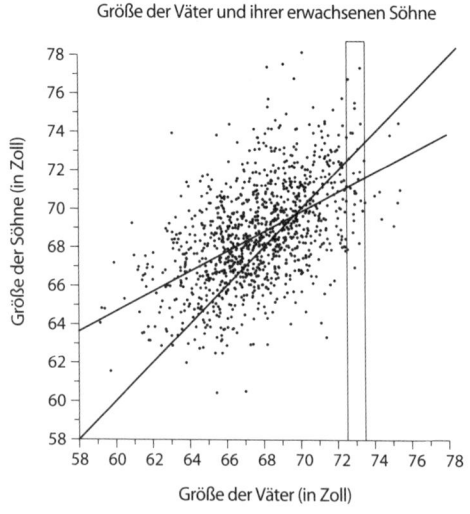

Abbildung 56:
Streudiagramm der Körpergrößen von Vätern und ihren erwachsenen Söhnen nebst Winkelhalbierender, Regressionsgeraden und hervorgehobenem Größenintervall

Gehen wir nun in einige Details des Streudiagramms. Offenkundig ist, dass die Söhne sehr großer Väter im Mittel zwar immer noch überdurchschnittlich groß, aber doch kleiner als ihre Väter sind. Anders ausgedrückt: Die größten 10 Prozent der Väter haben nicht die größten 10 Prozent der Söhne.

Abbildung 57: Basketballteam gleichaltriger Jungs. Wie ein irisches Sprichwort schon sagt: Wachsen musst du selber, ganz gleich, wie groß dein Großvater war.

Entsprechendes gilt am anderen Ende der Größenskala. Die Söhne sehr kleiner Väter sind im Mittel zwar ebenfalls unterdurchschnittlich groß, aber sie sind größer als ihre Väter. Das ist aus der relativen Lage von Regressionsgerade und Winkelhalbierender ersichtlich. Die Besonderheiten stark unterdurchschnittlicher oder stark überdurchschnittlicher Größe der Väter werden also nicht in vollem Maße an die Söhne vererbt: Denn in beiden Fällen sind die Söhne dieser relativ extremen Väter weniger extrem und damit näher am Gesamtmittelwert.

Diese Erkenntnis kann man sehr schön mit einem Bild ausdrücken: Es findet eine Bewegung der Extreme in Richtung Mitte statt. Schon Francis Galton hat dies festgestellt und an verschiedenen Datensätzen bestätigt gefunden. Er hat dafür den Begriff *Regressionseffekt* geprägt. In seinem *Gesetz der universalen Regression* formulierte er es mit diesen Worten:

«Jede Besonderheit eines Menschen wird in der nachfolgenden Generation zwar übernommen, im Mittel aber nur in geringerem Maße.»

Etwas anschaulicher spricht man heute auch von Regression zur Mitte: Ein extrem ausgefallener Messwert bei einer Messgröße ist mit einem näher am Mittelwert liegenden Messwert der anderen Messgröße verbunden. Dieser Effekt ist sehr weit verbreitet und tritt immer dann auf, wenn der Zufall die beiden Messgrößen so beeinflusst, dass sie streuen.

Der Regressionseffekt ist situationsabhängig, womit ich meine, dass er manchmal stärker und manchmal schwächer ausgeprägt ist. Seine Stärke lässt sich durch einen Zahlenwert ausdrücken. Um diesen zu ermitteln, etwa für unsere Vater-Sohn-Paare, muss festgestellt werden, wie sich ein Größenunterschied von 1 Einheit in der Vätergeneration bei den Söhnen dieser Väter auswirkt.

Das Rezept dafür ist einfach: Man greife zwei Vater-Sohn-Paare heraus, rechne den bestehenden Größenunterschied zwischen den beiden Söhnen auf einen Größenunterschied von 1 Zoll bei den Vätern um und bilde anschließend den Durchschnitt dieser Zahlen für alle möglichen Zwei-Väter-und-ihre-Söhne-Kleingruppen.

Was dabei herauskommt, ist der *Regressionskoeffizient*. Er hat hier den Wert 0,51.

Nach seiner Berechnungsweise ist er folgendermaßen zu interpretieren: Wenn ein Vater gegenüber einem anderen Vater um 1 Zoll größer ist, so wird sein Sohn im Schnitt nur um 0,51 Zoll größer sein als der Sohn des kleineren Vaters. Das heißt aber nichts anderes, als dass die Regressionsgerade genau den Wert des Regressionskoeffizienten als ihre Steigung hat. Die Steigung einer Geraden in einem Achsensystem wird ja dadurch gemessen, um wie viele Einheiten die Variable auf der Hochachse zunimmt, wenn die Variable auf der Rechtsachse um eine Einheit zunimmt. Die Steigung einer Geraden ist natürlich an jeder Stelle gleich.

In diesen Denkbahnen weiter fortschreitend, kommen wir sofort zu einem generationenübergreifenden Ergebnis: Ist ein Vater um 1 Zoll kleiner (relativ zu seinem eigenen Vater), dann wird sein Sohn im Schnitt nur um 0,51 Zoll kleiner sein, als wenn sein Vater nicht um 1 Zoll kleiner wäre.

Wir sehen an diesem Beispiel sehr deutlich die Abschwächung relativer Vergrößerung und Verkleinerung von einer Generation zur nächsten. Eine Drift zur Mitte eben.

Nach dieser Diskussion stellt sich eine Frage. Sie liegt fast auf der Hand und ist recht tiefsinnig:

Müsste die beständige Regression zur Mitte nicht dazu führen, dass alle Menschen letztendlich zu einer einheitlichen Körpergröße tendieren?

Wir werden diese Frage beantworten, aber erst später. Zunächst müssen wir noch unsere Intuition schärfen und dazu weitere Informationen zur Regression zusammentragen. Um die Details deutlich herauszuarbeiten, greifen wir auf eine moderne Wiederholung der Pearson-Studie zur Körpergröße zurück. Diesmal erweisen wir aber den Müttern und ihren Töchtern die ihnen gebührende Ehre.

Die Psychologen Christof Nachtigall[10] und Ute Suhl haben Daten erhoben von mehr als tausend weiblichen Psychologiestudenten an der Universität Jena und ihren Eltern. Die größte Altersgruppe bilden die 19-jährigen Studentinnen. Für die Daten dieser Studentinnen und ihrer Mütter werden wir die Analyse durchführen. Es handelt sich um 278 auf einen Zentimeter gerundete Größenangaben. Sie sind in der folgenden Abbildung optisch dargestellt, zusammen mit der Regressionsgeraden.

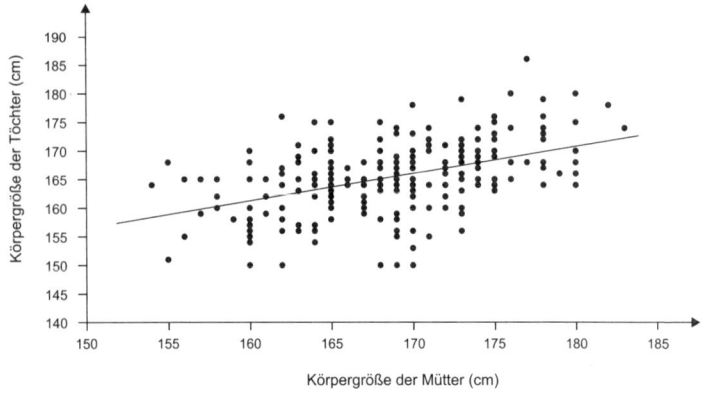

Abbildung 58: Körpergrößen von 278 jeweils 19-jährigen Psychologiestudentinnen und ihren Müttern

Die Mütter sind im Mittel $M = 166{,}1$ Zentimeter groß bei einer *Standardabweichung* von 5,8 Zentimetern. Die Standardabweichung ist ein Maß für die Streuung der Zahlen um ihren Mittelwert. Ein Wert von 5,8 besagt, dass im Schnitt die Größen der Mütter 5,8 Zentimeter von ihrem Mittelwert von 166,1 Zentimetern entfernt sind, nach oben oder nach unten.

Die Töchter sind im Mittel $T = 169{,}5$ Zentimeter groß bei einer Standardabweichung von 5,9 Zentimetern. Das ist ein Zuwachs von durchschnittlich 3,4 Zentimetern gegenüber ihren Müttern, während die Streuung so gut wie konstant bleibt.

Auch in diesem Datensatz findet sich das Phänomen der Regression zur Mitte:

Sehen wir uns zunächst die großen Mütter an, speziell jene, deren Körpergröße um mindestens eine Standardabweichung nach oben vom Durchschnitt aller Mütter abweicht. Diese Gruppe umfasst 38 Mütter, und ihre Größe liegt im Mittel 1,5 Standardabweichungen oberhalb der mittleren Größe M der Mütter. Die Töchter dieser Mütter haben im Mittel auch eine überdurchschnittliche Größe bezogen auf das Mittel T aller Töchter. Doch ist ihr Mittel nur um 0,7 Standardabweichungen größer als T.

Halten wir fest: Diese 38 Mütter sind alle um mindestens eine Standardabweichung größer als M, ihre Töchter im Mittel aber nur um 0,7 Standardabweichungen größer als T. Die Töchter sind damit – gemessen in Standardabweichungen – weniger groß als ihre Mütter.

Richten wir unser Augenmerk nun auf die kleinen Mütter, sind die Ergebnisse ähnlich mit umgekehrten Vorzeichen. Die Töchter von Müttern, deren Größen mindestens um eine Standardabweichung unterhalb von M liegen, sind im Durchschnitt weniger klein, wenn auch immer noch unterdurchschnittlich relativ zu T.

Damit haben wir auch hier einen Regressionseffekt, und das halten wir fest, bevor wir weitergehen.

Wie der Regressionseffekt zustande kommt, ist der nächste zu klärende Punkt. Mit diesem Ziel im Blick müssen wir die Untersuchung nochmals differenzierter aufschlüsseln:

Die individuelle Körpergröße einer Mutter ist zum einen durch eine genetische Disposition beeinflusst, an der auch noch ihre Tochter teilhat, sowie zum anderen durch eine ganze Reihe weiterer Wachstumsfaktoren, nicht zuletzt durch die Ernährung und zahlreiche Umwelteinflüsse.

Schaut man auf die großen und größten Mütter, so sind das jene, bei denen sich diese zusätzlichen Faktoren mehrheitlich positiv ausgewirkt haben. Denn hätten sich viele Faktoren negativ ausgewirkt, dann könnten diese Mütter nicht so groß sein, wie sie sind.

Was nun die Tochter einer großen Mutter betrifft, so stimmt ein erheblicher Teil ihrer genetischen Komponente mit jener der Mutter überein. Diese Komponente kann man in ihrer Wirkung als sehr einflussreich ansehen. Deshalb werden auch die Töchter dieser Mütter in der Regel überdurchschnittlich groß sein. Dazu kommen die genetischen Einflüsse des Vaters sowie die schon angesprochenen individuellen Einflüsse der Umwelt. Diese Einflüsse können sowohl positive wie negative Wirkungen entfalten. Im Mittel wird bei den Töchtern weder das eine noch das andere überwiegen, anders als bei ihren großen Müttern, bei denen die positiven Einflüsse stärker waren.

Ebenso werden sich in vielen Fällen bei kleinen Müttern, die vom Mütter-Mittel M um mindestens eine Standardabweichung nach unten abweichen, neben einer allgemeinen genetischen Komponente, die auf geringe Größe ausgerichtet ist, auch viele der zusätzlichen Wirkungsfaktoren in diese Richtung ausgewirkt haben.

Bei den Töchtern dieser Mütter stimmt wieder ein Großteil der genetischen Komponenten mit denen ihrer Mütter überein. Sie werden also genetisch auch in der Regel auf unterdurchschnittliche Größe programmiert sein. Dazu kommen die weiteren Wirkungsgrößen. Auch hier gilt: Einige davon werden sich positiv und andere negativ auswirken. Wiederum ist davon auszugehen, dass durch diese individuellen Wirkungen im Mittel keine so ausgeprägte Tendenz, wie sie bei ihren Müttern bestand, hinzukommt: Diese Töchter werden in der Regel also auch unterdurchschnittlich groß sein, aber nicht so ausgeprägt wie ihre Mütter.

Damit ist die Entstehungsweise des Regressionseffekts plausibel gemacht. Die angestellten Überlegungen sind verallgemeinerungsfähig. Pixel für Pixel wird uns das Bild der Regression deutlicher.

Der Sog des Mittelwerts

In einem übersichtlichen Gedankenexperiment[11] wollen wir das soeben skizzierte, rein qualitative Argument mit Zahlen ausstatten. Dazu nehmen wir vereinfachend an, für die Körpergröße von Müttern und Töchtern gäbe es nur die fünf möglichen Werte: 150 Zentimeter (sehr klein), 160 Zentimeter (klein), 170 Zentimeter (mittel), 180 Zentimeter (groß), 190 Zentimeter (sehr groß).

Ferner nehmen wir an, dass die den Müttern und ihren Töchtern gemeinsamen genetischen Wachstumsfaktoren festlegen, ob ein Mensch klein (160 cm) oder groß (180 cm) wird. Die jeweils individuell wirkenden Umweltfaktoren und sonstigen Einflüsse steigern oder reduzieren dann die Körpergröße um 10 Zentimeter. Das ist unser vereinfachtes Modell für die Vererbung von Körpergröße. Es ist nützlich.

Bei den sehr großen (190 cm) Müttern sind sowohl die genetischen Faktoren wie auch die individuellen Umwelteinflüsse positiv, waren also auf verstärktes Wachstum ausgerichtet. Bei den Töchtern dieser sehr großen Mütter ist die gemeinsame genetische Komponente ebenfalls positiv und ergibt die geerbte Disposition *groß* (180 cm).

Die zusätzlichen individuellen Faktoren können aber positiv oder negativ ausgeprägt sein und sich zur Körpergröße 190 Zentimeter oder 170 Zentimeter auswirken. Beides ist möglich und führt dazu, dass der Mittelwert dieser Töchter unterhalb von 190 Zentimetern liegt. Die Töchter sind damit im Durchschnitt nicht ganz so groß wie ihre Mütter. Man kann sich als Metapher vorstellen, dass sie in Richtung Mittelwert gezogen werden.

Regression zum Mittelwert ist ein allgegenwärtiges Phänomen. Immer dort, wo der Zufall bei der Beziehung zwischen Variablen am Werk ist, tritt es in Erscheinung und durchzieht alle Bereiche unseres Daseins. Er ist eine statistische Gesetzmäßigkeit und eine unausweichliche Tatsache des Lebens.

Dies unterstreicht auch eine Begebenheit, die der Mathematiker sowie auch Psychologie-Kompetenzriese Daniel Kahneman aus Anlass der Entgegennahme des Nobelpreises erzählte. Er hatte einst einen Vortrag vor Fluglehrern gehalten und dabei erwähnt, dass er Lob für sehr viel wirkungsvoller halte als Tadel. Einer seiner Zuhörer, ein erfahrener Ausbilder, widersprach ihm. Er sagte, wenn er seine Schüler für sehr gute Flugmanöver gelobt habe, sei den meisten das Lob zu Kopf gestiegen, und beim nächsten Mal seien ihre Ergebnisse weniger gut gewesen. Habe er hingegen seine Flugschüler bei sehr schlechten Leistungen zusammengebrüllt, seien sie beim nächsten Mal besser gewesen.

Für Kahneman war dies ein Heureka-Moment, bei dem er den Regressionseffekt als wichtige Wahrheit über die Welt verstand. Er meint, es sei ein Teil der menschlichen Grundsituation, dass der Effekt der Regression zur Mitte uns statistisch dafür bestrafe, wenn wir andere für gute Leistungen loben, und belohne, wenn wir andere bei schlechten Leistungen tadeln.

Kahneman hat im Anschluss an die Bemerkung des erfahrenen Fluglehrers spontan einen Versuch zum Regressionseffekt konzipiert. Es ist ein Schnellbeispiel zur Aufklärung von Regressions-Trugschlüssen. Für seine Beschreibung lassen wir Kahneman selbst zu Wort kommen:

«Ich habe sofort ein kleines Experiment veranstaltet, bei dem jeder Teilnehmer nacheinander zwei Münzen auf ein Ziel hinter seinem Rücken warf, ohne Feedback zwischendurch. Die Entfernung zum Ziel wurde jeweils gemessen, und wir stellten fest, dass jene, die es beim ersten Wurf am besten gemacht hatten, in der Regel beim zweiten Wurf schwächer geworden waren, und umgekehrt. Aber ich wusste, dass dieses Experiment kaum Wirkung haben würde gegenüber lebenslanger Einwirkung scheinbar zwingend anders zu interpretierender Zusammenhänge.»

Auch ein Fall von Regression zur Mitte

Sie können erwarten, dass Ihre Kinder weniger außergewöhnlich sein werden – sei es zu deren Gunsten oder Ungunsten –, als Sie selbst es sind.

Der skeptische Fluglehrer unterstellte einen kausalen Zusammenhang zwischen der Leistung seiner Schüler und seiner eigenen Reaktion auf deren vorausgegangene Leistungen bzw. Fehlleistungen, genauer zwischen den Leistungsschwankungen seiner Schüler und seinem Lob oder Tadel. Das war sein Irrtum. Ein solcher Zusammenhang ist weniger plausibel als die Erklärung durch den

Effekt der Regression zum Mittelwert, zumal die Flugschüler wohl noch zu wenig Kontrolle über ihre Maschinen und somit letztlich über ihre Leistungen hatten.

Der Fluglehrer-Fehlschluss besteht in der fälschlichen Annahme einer bestehenden Kausalität zwischen Lob bzw. Tadel und der Leistung der Flugschüler. Dabei war es wohl einfach nur eine statistische Gesetzmäßigkeit, die ihre Wirkung gezeigt hat.

Es ist allerdings auch sehr leicht, nach Art des Fluglehrers zu irren, denn wir neigen prinzipiell dazu, zwischen zwei Ereignissen, die des Öfteren zeitlich aufeinanderfolgen, eine Kausalität anzunehmen. Wenn Tante Hildegard zu Besuch kommt und immer ist danach die Likörflasche leer, dann ist uns auch ohne eine kontrollierte Studie klar, dass das mit ihrer Vorliebe für dieses Getränk zu tun haben muss.

Ganz genauso ist dem Fluglehrer die Beziehung zwischen Lob und Leistungsverschlechterung sowie Tadel und Leistungsverbesserung klar geworden. Selbst ein Experiment wie das von Kahneman kann dieses gefühlte, aber falsche Wissen nicht erschüttern, zumal die Erfahrung den Fluglehrer über Jahre immer und immer wieder bestätigt hat.

Mit der Regression zur Mitte ist vieles erklärbar, auch der sogenannte *Fluch der Titelseite (Sports Illustrated Cover Jinx)*. Es handelt sich um die Erfahrungstatsache, dass die Leistungen der Sportler, die auf dem Titelblatt einer Ausgabe der amerikanischen Zeitschrift *Sports Illustrated* abgebildet sind, danach schwächer werden.

Auch bei ihnen wirkt der Regressionseffekt: Denn es waren in der Regel ihre zuvor grandiosen Leistungen, welche die Spieler aufs Titelblatt gebracht haben. So gut wie jede Spitzenleistung setzt diese sich aber zusammen aus einem großen Anteil Begabung, Fähigkeit, Talent und einem weiteren Anteil Glück.

Glück jedoch ist flüchtig. Selbst dann, wenn nach dem Erscheinen auf dem Cover die Fähigkeiten des Sportlers unverändert bleiben, wird ihm wahrscheinlich sein Glück nicht mehr in gleichem Maße hold sein.

Genauer gesagt: *Bevor* ihr Konterfei auf der Titelseite erschien, waren die Sportler überragend, weil sie einerseits sehr gut waren und weil sie andererseits auch noch viel Glück hatten. Sowohl ihre Fähigkeiten als auch ihr Glück waren stark überdurchschnittlich. *Nach* ihrer Titelgeschichte können sie immer noch sehr gut sein, doch ist zu erwarten, dass ihr Glück nicht nochmals so überdurchschnittlich sein wird. Deshalb ist eher mit einer spürbaren Leistungsabnahme zu rechnen.

Mehr wird weniger mehr, weniger wird weniger weniger

In der internationalen Bierindustrie ist der Regressionseffekt eine Binsenweisheit: In Ländern mit besonders niedrigem Bierkonsum, wie zum Beispiel Spanien, nimmt der Bierkonsum zu. In Ländern mit besonders hohem Bierkonsum, wie zum Beispiel Deutschland, nimmt der Bierkonsum ab.

Der das Extreme dämpfende Effekt der Regression kann dazu verleiten, eine echte Wirkung zu sehen, wo gar keine ist, sondern nur eine statistische Scheinwirkung besteht. Das ist ein klassischer Kausalitätsfehler. Die Vermeidung des Regressionseffektes als Kausalitäts-Denkfehler ist auch deshalb wichtig, weil er weitere Trugschlüsse im Schlepptau hat. Es sind Fallstricke, denen man bei der Interpretation von echten oder vermeintlichen Wirkungsbeziehungen zwischen Variablen ebenso ausweichen muss.

Wenn sich zum Beispiel in medizinischen oder psychologischen Vorher-nachher-Studien durch irgendeine Form von Maßnahme (etwa durch die Verabreichung eines Medikaments, die Durchführung einer Operation, die Teilnahme an einer Schulung) Eigenschaften der untersuchten Probanden zwischen zwei Messungen ändern, so möchte man diese Änderungen mit der Wirksamkeit der Maßnahme in Zusammenhang bringen und nicht auf ein statistisches Artefakt zurückführen müssen. Vernachlässigt man aber den Regressionseffekt, können je nach Design der Versuchsbedingungen Verzerrungen auftreten. Um diesen Gedanken dingfest zu machen, demonstrieren wir ihn an einem ausführlichen Beispiel.

Angenommen, ein Lernpsychologe möchte die Wirksamkeit einer neuartigen Unterrichtsmethode studieren. Er hat die Erlaubnis erhalten, seine Neuerung an zwei Schulklassen derselben Altersstufe zu testen. Es ist eine Gymnasialklasse und eine Hauptschulklasse.

Zur Vorbereitung führt der Psychologe einen Test zum vorhandenen Wissen in verschiedenen Stoffgebieten durch. Es stellt sich heraus, dass die Hauptschüler im Mittel geringere Testwerte aufweisen als die Gymnasiasten. Deshalb nimmt der Psychologe nur die besten 20 Prozent der Hauptschüler in die Studie auf und sucht dazu jeweils einen nach Testwerten vergleichbaren Gymnasiasten. Diese kommen durchweg aus dem unterdurchschnittlichen Segment der Gymnasialklasse. Aufgrund dieser Kopplung haben also die ausgewählte Gymnasiastengruppe G und die Hauptschülergruppe H nahezu gleiche Werte im Anfangstest.

Nun wird die Gymnasialgruppe G für einen gewissen Zeitraum mit der neuartigen Lernmethode unterrichtet. Die Hauptschülergruppe H fungiert als Kontrollgruppe und wird mit der herkömmlichen Lernmethode unterrichtet. Danach werden beide Gruppen einem Abschlusstest unterzogen.

Das hört sich nach einem sehr überlegt entworfenen Design für die Studie an. Doch prüfen wir einmal, ob durch diesen ausgeklügelten Entwurf die wahren Verhältnisse nicht vielleicht sogar verfälscht werden.

Dazu sei versuchsweise angenommen, die neue Lernmethode habe überhaupt keine Wirkung. Können Sie voraussehen, wie die Testergebnisse im Abschlusstest sein werden?

Zwar nicht zum individuellen, aber doch zum durchschnittlichen Testausgang lässt sich etwas sagen: Da der Regressionseffekt in Kraft tritt und weil die Extremgruppen unterschiedlichen Klassen angehören – zum einen die überdurchschnittlich guten Hauptschüler H, zum anderen die in ihren Leistungen unterdurchschnittlichen Gymnasiasten G –, wird im Schnitt dies passieren: Die im Vorher-Test leistungsstarken Hauptschüler werden in Richtung auf den Mittelwert der Hauptschüler nach unten driften, und die leistungsschwachen Gymnasiasten werden in Richtung auf den Mittelwert der Gymnasiasten nach oben aufsteigen.

Wenn auch im Vorher-Test die Durchschnittsleistungen beider Gruppen de facto identisch waren, so ergibt sich nach Einsatz der – wohlgemerkt als unwirksam angenommenen – neuen Lernmethode dennoch ein Unterschied zwischen den Leistungsdurchschnitten beider Gruppen. De facto wird selbst bei völlig unwirksamer Methode eine Wirkung vorgetäuscht. Diese Scheinwirkung resultiert aus der vorgenommenen Anfangsselektion beider Gruppen und der sich ereignenden Regression zur Mitte. Man darf aber keine Kausalität in den am Ende vorhandenen Unterschied hineindeuten. Der Unterschied zwischen G und H ist keine Wirkung der Lernmethode, sondern ein statistisches Artefakt, eine Scheinwirkung der Gesetze des Zufalls.

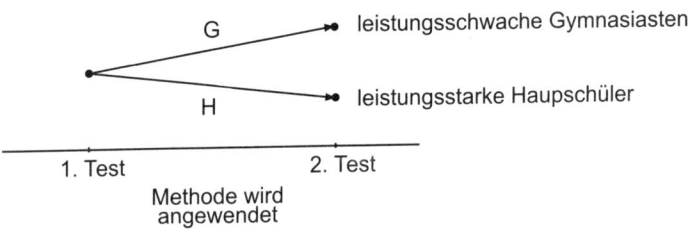

Abbildung 59: Scheinwirkung durch Vorauswahl und Regressionseffekt

Insofern kann das experimentelle Design des Psychologen zur Einschätzung der Lernmethode nur als unbrauchbar bewertet werden. Es lädt zu Interpretationsfehlern geradezu ein. Ferner lässt sich eine womöglich doch vorhandene Wirkung der Methode nicht vom Regressionseffekt isolieren.

Warum heißen wir nicht alle Schmidt?

Nachdem das alles herausgearbeitet worden ist, wollen wir auf den Irrtum von der globalen Annäherung an einen Mittelwert zu sprechen kommen. Die Frage wurde schon aufgeworfen und war offengeblieben. Bedeutet Regression zur Mitte nicht zwingend den langfristigen Ausgleich aller Unterschiede? Werden sich im Beispiel der Körpergröße nicht alle Größen schließlich beim Mittelwert einpendeln? Warum sind wir nicht alle gleich groß? Warum haben wir nicht alle braune Haare? Warum heißen wir nicht alle Schmidt?

Das nach dem zuvor Gesagten vermeintlich Naheliegende widerspricht natürlich eindeutig unserer Anschauung. Variation war und ist bei Körpergrößen offensichtlich vorhanden. Um hier nicht diesseits der Banalitätsgrenze zu bleiben, wollen wir die Streuung genauer untersuchen. Anhand unseres Mütter-Töchter-Beispiels stellt sich das Rätsel der Streuung angesichts beständiger Regression zur Mitte folgendermaßen dar:

Große Mütter haben im Mittel weniger große Töchter. Kleine Mütter haben im Mittel weniger kleine Töchter. Beide Befunde würden, für sich genommen, tatsächlich dazu führen, dass die Streuung in der Töchtergeneration geringer ausfällt als in der Müttergeneration.

In der nächsten Generation würde eine weitere Verringerung der Streuung auftreten, wenn dann die einstigen Töchter selbst auch Mütter werden und ihrerseits Töchter haben sollten, und abermals bei den Enkelinnen, den Urenkelinnen usw. Auch dieser Gedankengang weist in Richtung abnehmender Variation. Wir müssen etwas übersehen haben.

Und in der Tat: Es gibt einen bislang noch nicht angesprochenen Vorgang, der dem Regressionseffekt entgegenwirkt. Es ist gewissermaßen ein Antiregressionseffekt, der, für sich genommen, in Richtung einer Vergrößerung der Streuung arbeitet, während der Regressionseffekt, isoliert betrachtet, die Streuung verringert.

Es ist ein Effekt, der von den Müttern mittlerer Größe ausgeht. Wir hatten ihnen bisher wenig Aufmerksamkeit geschenkt. Diese Mütter haben Töchter, die aufgrund ihrer genetischen Disposition und aufgrund weiterer Wirkfaktoren im Schnitt vom Mittelwert stärker nach unten und nach oben abweichen, als es die Mütter selbst tun. Das bringt zusätzliche Variation. Dieses Phänomen der Streuungsverstärkung hält dem Verlust an Streuung, den der Regressionseffekt von einer Generation zur nächsten bewirken würde, recht genau die Waage.

Das Symmetrieparadoxon

Wir wissen aufgrund der Daten, dass große Mütter im Schnitt weniger große Töchter haben und kleine Mütter weniger kleine Töchter. Das ist gesichertes Wissen.

Nichts hindert uns daran, die Perspektive nun zu ändern und zu fragen: Welcher Zusammenhang stellt sich ein, wenn wir, von den Töchtern ausgehend, unser Augenmerk auf deren Mütter richten, also gegengedanklich die Größenbeziehungen andersherum untersuchen? Die Richtung der Regression kehrt sich dann genau um.

Wir kehren zwar die Blickrichtung um, aber die Argumentationsweise kann unverändert bleiben. Konzentrieren wir uns zuerst auf sehr große Töchter, dann ist zu erwarten, dass ihre Mütter im Schnitt weniger groß sind. Und betrachtet man ausschließlich sehr kleine Töchter, dann ist zu erwarten, dass die dazugehörigen Mütter weniger klein sind.

Gehen wir mit den Zahlen nun ähnlich um wie beim ersten Anlauf für die andere Richtung: Heben wir jene Töchter hervor, deren Größe nach oben um mindestens eine Standardabweichung vom Töchter-Mittelwert abweicht. Das sind 36 der 278 Töchter. Im Mittel liegt die Größe ihrer Mütter bei 0,82 Standardabweichungen oberhalb des Mütter-Durchschnitts.

Ganz so wie intuitiv erwartet, sind die Mütter großer Töchter ebenfalls groß. Aber im Mittel sind sie weniger groß, in Standardabweichungen gemessen, als ihre Töchter.

Der Regressionseffekt ist also vollkommen symmetrisch. Sowohl bei der Regression von X in Richtung Y als auch bei der Regression von Y in Richtung X tritt der Regressionseffekt gleichermaßen auf.

Beides kann nicht sein, oder?

Das es offenbar doch so ist, nennt man Symmetrieparadoxon der Regression.

Knobelzone

Unsymmetrie

Tom und Jerry sind beide Turner. Tom ist klein, und Jerry ist groß. Jerry überragt Tom um fast einen Viertelmeter. Eines Tages möchten die beiden in der Küche ganz oben aus einem hohen Regal etwas herausnehmen. Dazu stellt sich einer der beiden auf den anderen. Sollte Tom auf Jerrys Schultern stehen oder Jerry auf Toms Schultern, damit die beiden möglichst hoch reichen können?

Lösung
Jerry hat wegen seiner Größe auch die längeren Arme. Wer auf den Schultern des anderen steht, sollte die längeren Arme haben, um möglichst hoch zu reichen. Also muss Jerry nach oben. Stände er unten, würden seine langen Arme gar keinen Vorteil bringen.

Sturz der Parität

Linkshänder sind bessere Rechtshänder, als Rechtshänder Linkshänder sind.

Damit wäre das Paradoxon beschrieben. Aber wie soll ich es Ihnen erklären?

Eine Möglichkeit ist die folgende: Der vorgenommene Perspektivenwechsel bei der Regression läuft im Streudiagramm darauf hinaus, statt Punkten – also Mutter-Tochter-Paaren – in einem *vertikalen* Streifen nunmehr Punkte in einem *horizontalen* Streifen zu betrachten. Das aber sind unterschiedliche Teilmengen der Gesamtmenge.

Beim Symmetrieparadoxon, den scheinbar unvereinbaren Aussagen zu Richtung und Gegenrichtung des Regressionseffekts, wird also das Verhalten von *verschiedenen* Teilmengen im Streudiagramm bewertet. Verschiedene Teilmengen können sich aber unterschiedlich verhalten, so wie wir es auch gesehen haben. In die Paradoxiefalle gerät man mit der Annahme, dass sich die beiden konträren Aussagen auf das Verhalten ein und derselben Teilmenge der Punktwolke beziehen. Das ist aber nicht der Fall. Bedenkt man dies, löst sich die Paradoxie in Luft auf.

Damit wär' auch das geklärt.

Regression ist sehr facettenreich. Die Regressionsmethode einfach nur nützlich zu nennen, wäre ungenau. Sie ist unschlagbar, wenn es darum geht, Art und Stärke der Beziehungen zwischen den Variablen dieser Welt zahlenmäßig zu erfassen. Wir zeigen weiteres Anschauungsmaterial, von heiter bis ernst. Das erste ist ein spielerisches Schulbeispiel für ihren gelungenen Einsatz in der Biologie.

Vom Grillen-Thermometer

Im Sommer hört man auf vielen Wiesen Grillen zirpen. Grilllenmännchen erzeugen dieses bis zu 50 Meter entfernt hörbare Geräusch durch Aneinanderreiben ihrer Flügel. Grillen sind Kaltblüter. Ihr gesamter Stoffwechsel und ihr Aktivitätsniveau passen sich der Umgebungstemperatur an. Die Frequenz, mit der die Grillen zirpen, macht davon keine Ausnahme.

In Nordamerika ist die *Gestreifte Bodengrille* verbreitet. Der Biologe Pieru hat diese Grillenart 1949 ausführlich studiert. Unserem

Spieltrieb folgend, interessiert uns vor allem ein kleiner Datensatz: Bei 15 verschiedenen Außentemperaturen hat Pieru die Zirpfrequenz, also die Tonhöhe, von Bodengrillen gemessen. Die Zahlen sind in der folgenden Tabelle festgehalten:

Frequenz (in Hz)	Außentemperatur (in Grad Celsius)
20,0	31,4
16,0	22,0
19,8	34,1
18,4	29,1
17,1	27,0
15,5	24,0
14,7	20,9
17,1	27,8
15,4	20,8
16,2	28,5
15,0	26,4
17,2	28,1
16,0	27,0

In dieser Darreichungsform ist ein Zusammenhang nur schwer erkennbar. Besser eignet sich dafür eine optische Aufbereitung. Das macht Abbildung 60. Sie stellt die Daten wieder als Punkte in einem Achsensystem dar, mit der Zirpfrequenz auf der Rechtsachse und dem zugehörigen Temperaturwert auf der Hochachse. Zudem zeigt sie uns die Regressionsgerade. Ihre Gleichung lautet:

$$Celsius\text{-}Temperatur = -3,3 + 1,8 \cdot Zirpfrequenz$$

Die Streuung der Datenpunkte um die Regressionsgerade ist nicht allzu groß. Die Gerade liefert eine recht gute Annäherung an die Datenpunkte, was, bei allen Vorbehalten aufgrund der geringen Zahl der Messwerte, auf einen engen Zusammenhang zwischen Temperatur und Frequenz hindeutet.

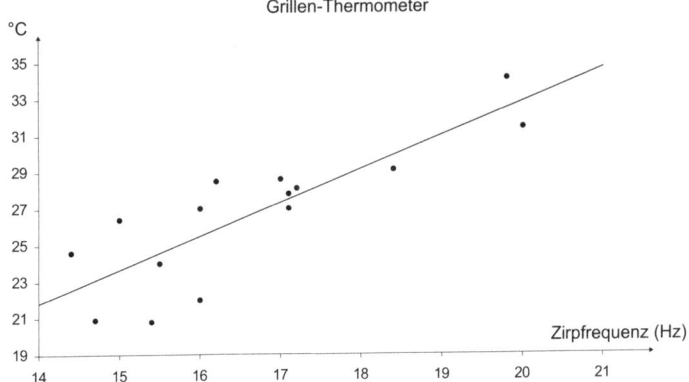

Abbildung 60: Regression von Temperatur versus Zirpfrequenz für eine Grillenart

Grillen sind offenbar genaue Temperaturfühler. Was liegt also näher, als sich eine possierliche Grille als Taschenthermometer zuzulegen?

Haben Sie ein gutes Ohr und ist Ihre Grille aktiv, können Sie mit der Gleichung der Regressionsgeraden aus der Tonhöhe auf die Temperatur schließen. Beträgt die Zirpfrequenz zum Beispiel 19 Hertz, speisen Sie diesen Wert in die Regressionsgleichung ein, und schon kann Ihnen mitgeteilt werden, dass die Außentemperatur momentan

$$-3{,}3 + 1{,}8 \cdot 19 = 30{,}9 \; Grad \; Celsius$$

beträgt.

Haben Sie kein gutes Gehör für Frequenzen in diesem Bereich, was Ihnen niemand verübeln sollte, so kann Ihnen auf andere Weise geholfen werden. Schon im Jahr 1897 hat der Biologe und Physiker Amos Dolbear nämlich festgestellt, dass auch die *Anzahl* der Zirpgeräusche einer Grille temperaturabhängig ist. Die Häufigkeit des Zirpens nimmt mit zunehmender Temperatur linear zu. Wird es wärmer, zirpt die Grille öfter.

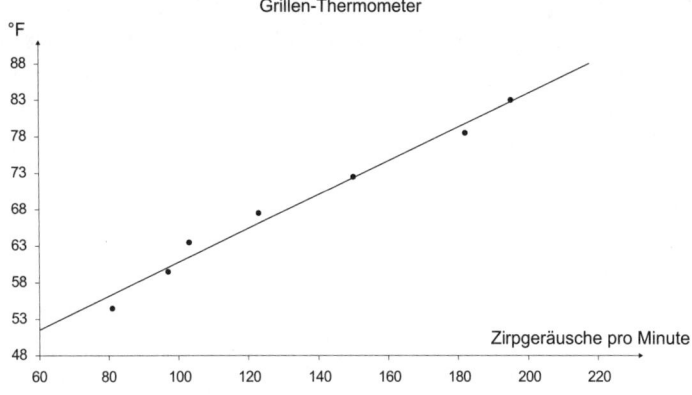

Abbildung 61: Zirprate und Temperatur für eine Grillenart

So lässt sich aus der Anzahl der Zirpgeräusche pro Minute ebenfalls auf die Außentemperatur zurückschließen. Die Zirprate streut sogar noch weniger als die Zirpfrequenz und hängt zudem so gut wie gar nicht vom Individuum oder dessen Alter ab.

Zirpgeräusche[12] pro Minute	81	97	103	123	150	182	195
Temperatur in Fahrenheit	54,5	59,5	63,5	67,5	72,0	78,5	83,0

Erst im Achsensystem wird die sehr geringe Streuung der Messwerte um die Regressionsgerade deutlich. Optik schlägt Tabellistik.

Die Regressionsgerade gehorcht der Gleichung:

Fahrenheit-Temperatur = 37,7 + 0,23 · Zirpgeräusche pro Minute

Das ist übrigens eine sehr gute mathematische Bestätigung einer alten amerikanischen Bauernregel: Sie schließt von der Anzahl der minütlichen Zirpgeräusche auf die Temperatur, indem die Anzahl durch 4 geteilt wird und diesem Wert 40 hinzugezählt werden.

Bedenkt man ferner, dass Fahrenheit- und Celsius-Temperaturen in einem einfachen Zusammenhang stehen, so lässt sich die amerikanische Bauernregel leicht für europäische Bauern umrechnen. Da die Celsius-Temperatur sich ergibt, indem man von der Fahrenheit-Temperatur zunächst 32 abzieht, dann diesen Wert mit 5 multipliziert und anschließend durch 9 dividiert, so geht die obige Regressionsgleichung über in die entsprechende Formel:

Celsius-Temperatur = 3,2 + 0,127 · Zirpgeräusche pro Minute

Diese Formel ist ausgesprochen genau. Und als Celsius-Variante der Bauernregel bietet sich an:

Zirpgeräusche pro Minute geteilt durch 8 plus 3 ergibt Celsius-Temperatur!

Interessanterweise sind benachbarte Grillen sehr stark synchronisiert. Sie zirpen im Einklang. Amos Dolbear hat gemeint,[13] Grillen in einem Feld seien synchronisiert bis hin zu dem Punkt, dass sie so genau dieselben Zeitintervalle von Geräusch und Stille einhalten, als folgten sie dem Stab eines Dirigenten.

Geimpft

Unser nächstes Beispiel verlässt die Arena des Spielerischen. Vielmehr handelt es sich um ein ernstes Thema: Es geht um die Kindersterblichkeit in ausgewählten Ländern und den möglichen Zusammenhang mit dem Impfschutz für Säuglinge. Die Datenanalyse führt zu einem wichtigen Ergebnis.

Die mit «Sterblichkeit von 1000» überschriebene Spalte in unten stehender Tabelle[14] enthält die Zahl der bis zum Alter von 5 Jahren gestorbenen Kinder unter je 1000 Lebendgeborenen. Die Spalte «Anzahl geimpft von 100» gibt die Anzahl je 100 Säuglinge an, die im ersten Lebensjahr eine Schutzimpfung gegen Diphtherie, Keuchhusten und Tuberkulose erhalten haben (DKT-Schnell-schutzimpfung).

Land	Anzahl geimpft von 100	Sterblichkeit von 1000
Ägypten	89	55
Äthiopien	13	208
Bolivien	77	118
Brasilien	69	65
China	94	43
Deutschland	91	4
Finnland	95	7
Frankreich	95	9
Griechenland	54	9
Großbritannien	90	9
Indien	89	124
Italien	95	10
Japan	87	6
Kambodscha	32	185
Kanada	85	8
Mexiko	91	33
Polen	98	16
Russland	73	32
Senegal	47	145
Tschechische Republik	99	12
Türkei	76	87

Das zugehörige Streudiagramm mit Regressionslinie sieht so aus:

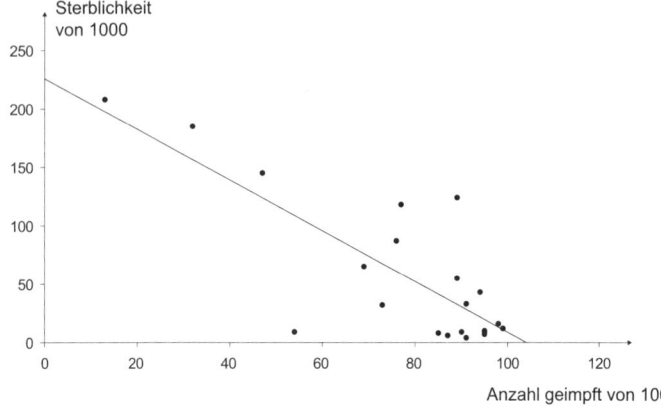

Abbildung 62: Kinderimpfschutz und Kindersterblichkeit in 21 Ländern

Die grafische Darstellung und die Regressionsgerade geben einen Eindruck von der Wirkung der DKT-Schnellschutzimpfung für Säuglinge. Das Diagramm zeigt über jeden Zweifel: Impfungen sind wichtig, und Impfen rettet Leben.

Zahlreiche wissenschaftlich-seriöse Studien haben belegt, dass sinnvolle und zeitgerechte Impfungen eine wirkungsvolle Vorsorgemaßnahme gegen Kindersterblichkeit sind.

Natürliche Intelligenz, künstliche Dummheit

Inzwischen haben wir eine Menge über die Regression gelernt und uns auch ein wenig mit den interpretatorischen Schwierigkeiten befasst, die damit verbunden sind. Wie tückisch Regressionsanalysen sein können und dass selbst einige im formalen Denken wohltrainierte Wissenschaftler bisweilen in ihre Fallstricke hineinstolpern, wird unser nächstes Beispiel demonstrieren. Es stammt aus einer Studie,[15] die sich mit der Intelligenz von Eltern und ihren

Kindern befasst und einen Zusammenhang mit sozialen und ökonomischen Faktoren herstellt.

" That's from the last year the data was available. "

Abbildung 63:
«Das stammt vom letzten Jahr, aus dem noch Daten vorhanden waren.» Cartoon von Roy Delgado

Die Studie kam zu diesen Ergebnissen: Nach den erhobenen Daten sind die Merkmale *Intelligenzquotient* (IQ) und *sozioökonomischer Status* (söS) positiv miteinander korreliert. Mit anderen Worten und einfacher ausgedrückt: Je größer der IQ der Eltern, desto höher ihr sozioökonomischer Status. Und umgekehrt.

Ebenfalls positiv miteinander korreliert sind die Intelligenzquotienten von Eltern und ihren Kindern. Dies bedeutet: Aufgrund der Regression zum Mittel sind die Kinder hochintelligenter Eltern im Mittel zwar immer noch, aber weniger überdurchschnittlich intelligent als ihre Eltern.

Ferner – als Folge der positiven Korrelation zwischen söS und IQ – sind die Kinder von Eltern mit hohem söS im Mittel weniger intelligent, als es ihre Eltern sind.

Der renommierte Psychologe Hans Jürgen Eysenck[16] interpretierte diesen rein statistischen Regressionseffekt fälschlich als negativen Zusammenhang zwischen Intelligenzquotienten der Kinder und einigen söS-abhängigen Entwicklungsfaktoren.

Nachtigall und Suhl[17] kritisieren diese Denkweise zu Recht. Wäre die Interpretation Eysencks korrekt, müsste, etwas überspitzt, aus der Studie folgender Schluss gezogen werden.

Hoher Status der Eltern macht die Kinder weniger intelligent als ihre Eltern.

Dass dieser Schluss falsch ist, wird einsichtig, wenn man in umgekehrter Richtung auf der Grundlage des Regressionseffektes argumentiert. Etwa folgendermaßen:

Die Eltern hochintelligenter Kinder sind im Mittel weniger intelligent als ihre hochbegabten Kinder. Aufgrund des positiven Zusammenhangs zwischen IQ und söS kommen überdurchschnittlich intelligente Kinder in der Regel aus Familien mit überdurchschnittlichem söS.

" If you wanted a kid with a good report card, you both should have married someone with brains ! "

Abbildung 64: «Wenn Ihr ein Kind mit gutem Zeugnis haben wollt, hättet Ihr beide jemand Intelligentes heiraten müssen.» Cartoon von Roy Delgado

Dies bedeutet, dass überdurchschnittlicher söS die Kinder noch intelligenter werden lässt als ihre Eltern. Dem wiederum ist zu entnehmen, dass – im Gegensatz zu Eysencks Schlussfolgerung – söS ein wichtiger positiver Faktor zur Unterstützung der Intelligenzentwicklung von Kindern ist.

Ergo:

Hoher Status der Eltern macht die Kinder intelligenter als ihre Eltern.

Diese Aussage ist genau konträr zur früheren Schlussfolgerung Eysencks. Doch basiert auch diese (ebenso falsche) Analyse lediglich auf Interpretationen des Regressionseffektes und weist diesem fälschlich eine Bedeutung über das statistische Phänomen hinaus zu.

Wie wir sahen, ist der Schnittbereich der Themen *Intelligenz* und *Vererbung* ein mit Fallstricken bestücktes Terrain. Das hat uns vor nicht allzu langer Zeit auch der Berliner Exfinanzsenator und Exbundesbanker Thilo Sarrazin mit seinem Buch *Deutschland schafft sich ab* vor Augen geführt. In diesem Buch vertritt er die These, dass Deutschland der Gefahr einer Verdummung ausgesetzt sei, da «Intelligenz zu 50 bis 80 Prozent erblich» sei und «minderintelligente Klassen eine höhere Fruchtbarkeit» an den Tag legten als intelligentere Teile der Gesellschaft.

Für diese ebenso rassistische wie statistisch falsche These kann T. Sarrazin übrigens nicht einmal Originalität beanspruchen. Die Ansicht, dass Gesellschaften immer dümmer werden, weil die unterdurchschnittlich Intelligenten überdurchschnittlich viele Nachkommen haben, ist mindestens so alt wie – ja leider – Francis Galton, der sie 1869 in seinem Buch *Genie und Vererbung* äußerte und daraus die Vorhersage ableitete: «So verschlechtert sich die Rasse allmählich, wird in folgenden Generationen für eine hohe Zivilisation weniger tauglich.»

Ganz ähnlich, wie es in den Heilberufen neben kompetenten Medizinern immer auch Quacksalber gibt, treten unter Datenwissenschaftlern neben seriösen Analytikern entsprechend Datenquacksalber auf. Manchmal finden sich beide Charaktere in ein und derselben Persönlichkeit, wie im Fall Francis Galton. Doch während es bei F. Galton in gewisser Weise noch verzeihlich ist, denn vor 150 Jahren wusste man es einfach noch nicht besser, kann T. Sarrazin diese Milde wegen Unwissenheit nicht zuteilwerden.

Neben groben statistischen Mängeln, die diese Denkweise aufweist – wie etwa eine Verkennung der Regression zur Mitte –, widerspricht diesem altbackenen Mythos vom Verfall der Intelligenz allein schon eine unvoreingenommene Wahrnehmung der Wirklichkeit: In Preußen zählten zu Galtons Zeit um 1850 nur etwa 0,3 Prozent zum sogenannten Bildungsbürgertum, jener Gesellschaftsschicht, die Galton mit dem Begriff «befähigtere Klasse» gemeint haben dürfte, und zwei Drittel der Bevölkerung bildeten die Unterschicht. Aus der damaligen Gesellschaft ist dynamisch über Zwischenstufen unsere heutige Gesellschaft entstanden. Von großflächiger und beständiger Verdummung keine Spur. Im Gegenteil. Statistisch gesehen dürften viele der gebildeten Menschen von heute von jener großen Zwei-Drittel-Unterschicht abstammen, der Galton damals und Sarrazin kürzlich «schlechte Erbanlagen» attestierten.

Frauen, Männer und Menschen

Unser letztes Beispiel zeigt, was passieren kann, wenn sich das Simpson'sche Paradoxon bei der Regression einschleicht.

Ein Unternehmen hat ein neues Diät-Wundermittel angeblich zum garantierten Abnehmen entwickelt. Jeden Tag muss man davon nur eine kleine Prise seiner normalen Nahrungsaufnahme beigeben, und siehe da: Es stellt sich zwingend eine Gewichtsabnahme ein. So jedenfalls wirbt die Firma für ihr Produkt.

Das Ergebnis einer Studie an zwanzig ausgewählten Personen über den Zeitraum eines Monats ist in Abbildung 65 dargestellt.

Das Diagramm zeigt neben den Datenpunkten die Regressionsgerade. Sie verläuft von links oben nach rechts unten. Ihre Steigung ist negativ. Über den Monat weist sie eine Gewichtsabnahme von rund 1/2 Kilogramm pro Gramm täglicher Zufuhr des Diätpulvers aus. Das scheint ein erstaunlicher Beleg für die Wirksamkeit des Diätpulvers zu sein.

Jemand kommt auf die Idee, die Daten für Männer und Frauen separat anzuschauen. Tut man dies, so ergeben sich zwei Regres-

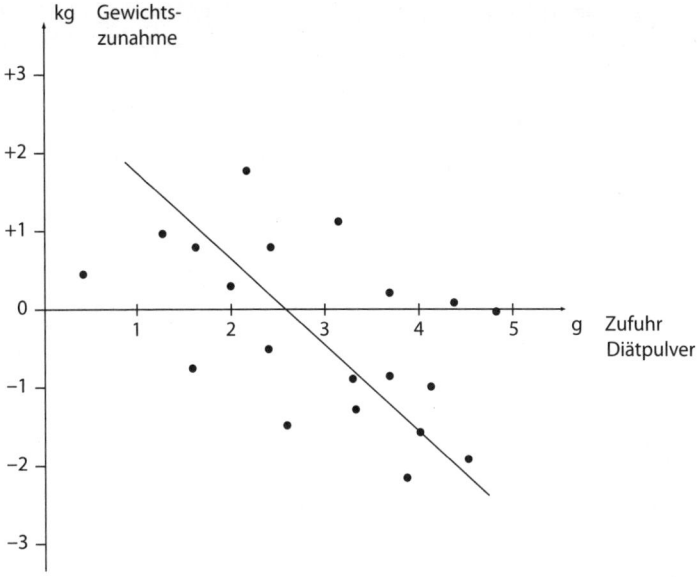

kg Gewichts-
zunahme

Abbildung 65: Versuchsergebnisse für zwanzig Versuchspersonen

sionsgeraden. Wir haben beide in dasselbe Achsensystem gezeichnet (siehe Abbildung 66).

Seltsamerweise weisen die Regressionsgeraden für beide Geschlechter von links unten nach rechts oben. Ihre Steigung ist jeweils positiv. Von Diätwirkung kann nicht mehr die Rede sein, im Gegenteil: Für die Frauen ergibt sich eine Gewichtszunahme von etwa 2/3 Kilogramm pro Gramm tägliche Zufuhr von Diätpulver. Für die Männer ist die Steigung der Regressionsgeraden sogar noch größer.

Die Ergebnisse für die Teilgruppen der Männer und der Frauen sowie für beide Gruppen zusammengenommen widersprechen sich.

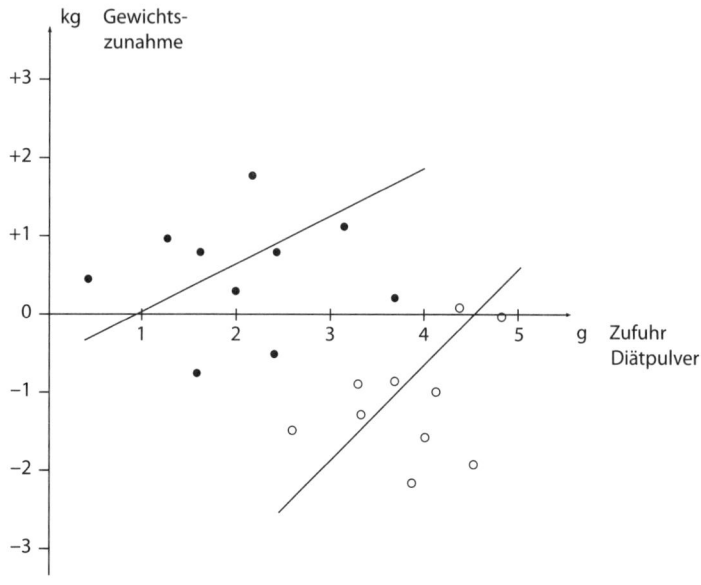

Abbildung 66: Ergebnisse für die 10 weiblichen (schwarze Punkte) und die 10 männlichen (helle Punkte) Versuchspersonen. Die Regressionsgeraden wurden für beide Geschlechter getrennt ermittelt.

Wir kennen diese Art von Ergebnisumkehr bei detaillierter werdender Analyse bereits. Wieder haben wir es mit dem Simpson-Paradoxon zu tun. Diesmal zeigt es sich im Regressionskontext. Die Ergebnisse bei Zusammenfassung der Daten sind andere als bei separater Analyse von Teilgruppen. Hier könnte man pointiert formulieren:

Bist du ein Mensch, dann führt das Diätpulver bei dir zur gewünschten Gewichtsabnahme. Bist du ein Mann oder eine Frau, dann lass lieber die Finger davon.

Welches Ergebnis ist aber nun richtig?

Richtig sind die für Männer und Frauen separat erhobenen Ergebnisse. Männer und Frauen reagieren offenkundig anders auf das Mittel. Das zeigen die Daten deutlich. Sie für beide Geschlechter zu aggregieren hieße, Äpfel und Birnen zusammenzuwerfen. Auch hier hat Datenvereinigung für beide Geschlechter eine verfälschende Wirkung.

Das Geschlecht der Versuchspersonen ist offensichtlich ein für die Analyse wichtiger Faktor. Einerseits erhielten die männlichen Versuchspersonen im Schnitt höhere Dosen des Pulvers verabreicht. Andererseits lässt sich der Abbildung entnehmen, dass fast alle Männer in der Studie zwar Gewicht verloren, aber tendenziell umso weniger, je mehr Diätpulver sie täglich konsumierten.

Als Erklärung wäre also durchaus denkbar, dass am Anfang des Zeitintervalls der Studie die teilnehmenden Männer – zum Beispiel Sportler – wieder mit regelmäßigem Training begonnen haben, weil etwa die Sommerpause vorbei ist. Das würde die Gewichtsabnahme in dieser Gruppe erklären, hätte aber nichts mit dem Diätpulver zu tun.

Jedenfalls liegt unter der Oberfläche der bisherigen Analyse noch irgendwo ein Faktor verborgen, der die Ergebnisse bei Zusammenlegung der Daten verfälscht. Eine kompetente Untersuchung müsste sich bemühen, diesen Faktor aufzuspüren. Dazu wäre es nötig, weitere Informationen über die Rahmenbedingungen der Studie und die an ihr beteiligten Personen einzuholen.

Der Rede wert

Regression ist kein Kinderspiel. Regressionseffekte sind deshalb so häufig die Ursache von Fehlbeurteilungen, weil Beziehungsgefüge vom Regressionstyp fast universell auftreten und viele Menschen mit ihren statistischen Gesetzmäßigkeiten und Feinheiten nicht vertraut sind.

In eine Regressionsfalle tappt, wer fälschlich denkt, dass der Regressionseffekt etwas Signifikantes ist, ihm also irgendeine wichtige Ursache zugrunde liegt. Dabei ist er nur ein statistisches Artefakt, eine Scheinwirkung. Er bezeichnet lediglich das Datenphänomen, dass bei Korrelation zwischen zwei Merkmalen extreme Werte in der einen Variable im Schnitt mit weniger extremen Werten in der anderen Variable zusammenhängen. Das ist alles. Keine darüber hinausgehende reale Ursache. Nichts weiter.

Regression, Korrelation und Kausalität zu meistern, statt von ihnen bemeistert zu werden, ist anspruchsvoll und verlangt nicht selten eine kontraintuitive Denkweise. Und auch die Kunst, über scheinbar Paradoxes klug nachzudenken.

Nachwort: Unser Leben in Fehlerwelten

Daten sind eine der Signaturen der Moderne. Viele Daten. Sie sagen uns etwas über die Welt. Viele Daten aber sagen so viel, dass wir es nicht verarbeiten können. Das wäre nicht weiter schlimm, wenn Daten einfach nur Zahlen wären und nichts sonst. Aber das ist nicht der Fall. Mit Daten kann man etwas machen und wird etwas gemacht. Daten werden oft dafür herangezogen, Meinungen zu bilden, Ideen zu entwickeln, Ziele abzustecken, Pläne zu entwerfen, Entscheidungen zu treffen, Vorhersagen zu erstellen und vieles mehr.

Für alle diese Dinge muss man aus den Zahlen die richtigen Informationen herausziehen können. Und man muss es vermeiden, dabei Fehler zu machen. Mit den Grundlagen dafür haben sich die Kapitel dieses Buches befasst: Es ging um Fehlerfindung und Fehlervermeidung. Zum Beispiel beim Komprimieren großer Datenmengen, um sie leichter zu verstehen, beim Vermeiden von Verfälschungen, um alles Mögliche besser zu bewerten, oder beim Untersuchen von Beziehungen zwischen den Dingen dieser Welt.

Quantitative Fehler spielen also eine sehr wichtige Rolle in diesem Buch. Zum Abschluss und zur Abrundung wollen wir noch etwas Allgemeines über Fehler als solche und in verschiedenen Disziplinen ergänzen.

Die Welt ist alles, was der Fall ist. Und alles, was der Fall ist, schließt ein reichlich Maß an Fehlern und Fehlermöglichkeiten ein. Auf Schritt und Tritt besteht Gelegenheit, sich nicht nur nicht optimal zu verhalten, sondern geradewegs in Fehlerfallen hineinzutappen.

Fragen wir hier nun spät, aber nicht zu spät: Was sind denn Fehler überhaupt?

Abbildung 67:
Beziehungsberatung
online: «Ein Fehler
vom Typ 4807 ist
in Ihrer Ehe aufgetreten.»
Cartoon von Grizelda

Zunächst mal sind Fehler offenbar ausgesprochen interessant. Denn gibt man dieses Wort bei Google ein, hat man plötzlich die Wahl zwischen 50 Millionen Seiten, um etwas darüber herauszufinden.

Steckdose sei Dank

Google: Ich finde alles.
Wikipedia: Ich weiß alles.
Facebook: Ich kenne jeden.
Internet: Ohne mich seid ihr gar nichts.
Elektrizität: Mund halten!

Auf einer dieser Seiten findet man denn auch die Interpretation, dass Fehler Lösungen seien, die gerade nicht stimmen. Also schon irgendwie Antworten darstellen, aber auf eine ganz andere Frage. Oder Taten sind, die aber gerade das Falsche tun.

Viele Fehlermöglichkeiten sind so subtil, dass davon Menschen unterschiedlichen Erfahrungshorizonts, jedweder Schulbildung und diverser intellektueller Voraussetzungen betroffen sein können, von Schulabgängern über Abiturienten bis hin zu Spitzenwissenschaftlern und IQ-Riesen. Diese Art von Fehlern im gedanklichen Bereich kann man als Denkfallen bezeichnen. Es liegt in der Natur von Fallen, dass Sie nicht offen zutage liegen und deshalb nicht leicht erkennbar sind. Wachsamkeit ist erforderlich, um nicht von ihnen erfasst zu werden.

Unser Hauptaugenmerk galt diesen versteckten Möglichkeiten, Denkfehler zu begehen, sowie den Spuren und den Sedimenten unterschiedlicher Arten des Scheiterns an ihnen. Wir haben einige besonders eklatante Fehlerszenarien ins Blickfeld genommen. Das geschah mit schonungsloser Tatsachenbrutalität. Ein reicher Fundus nicht nur verschiedener, sondern verschiedenartiger Beispiele aus vielen Problemfeldern stand illustrativ zur Verfügung.

Als Einstieg in den Ausklang: Nähern wir uns dem Thema sprachlich. In der deutschen Sprache ist das Wort *Fehler* etwa seit dem Jahr 1500 in Gebrauch. Ursprünglich bedeutete es so viel wie *Fehlschuss* oder *Pfeil, der seine Bestimmung nicht erreicht*, also das Ziel verfehlt. Dem Deutschen Wörterbuch von Hermann Paul können wir entnehmen, dass daraus schließlich die Wendung «*einen Fehler schießen*» entstanden ist.

Das dem Substantiv *Fehler* zugehörige, heute altmodisch klingende Verb ist *fehlen*. Es stammt vom Mittelhochdeutschen *velen* ab. In demselben Sprachfeld liegen auch noch das Lateinische *fallere* in der Bedeutung von *täuschen* sowie das Altfranzösische *faillir* als *verfehlen, sich irren*. Diesem ist das Substantiv *la faille* zugeordnet, das ins Mittelhochdeutsche als *vael* einging. Es ist immer noch in der Formulierung vom *Ritter ohne Fehl und Tadel* auszumachen.

Das Wort *Fehler* drückt heutzutage einen Mangelzustand aus, eben das Fehlen von etwas. Und mit Fehlen ist dabei gemeint: nicht da, also abwesend zu sein, sowie auch: etwas falsch machen, also fehlgehen.

Der Begriff *Fehler* und sein Bedeutungsumfeld muss vom *Irrtum* abgegrenzt werden, der eine «Nichtübereinstimmung von Wirklichkeit und Vorstellung» bezeichnet. Bemerkenswert in diesem Zusammenhang ist es auch noch, dass man sich «im Irrtum befindet». Dies drückt einen Zustand aus. Einen Fehler allerdings «begeht» man, was eine Handlung beinhaltet.

Durchweg haben Fehler kein schmeichelhaftes Image. Kaum je einmal heimsen sie positive Publicity ein. Mit ihrem Anklang an «Fehlen» drücken sie schon buchstäblich ein Defizit aus, beschreiben etwas, das nicht präsent ist, aber präsent sein sollte. Unsere Hauptneugier in diesem Buch galt speziell: dem Defizitären im Denken, dem Fehlen einer Lösung, Mängeln beim richtigen Schlussfolgern, Irrwegen der Intuition.

Es gibt auch so etwas wie eine Kultur der Fehler und eine Philosophie des Fehlerhaften. Genau besehen ist es sogar nicht nur *eine* Kultur und *eine* Philosophie, sondern es sind viele verschiedene Kulturen und Philosophien: Überall, wo Menschen mit Blick auf ein bestimmtes Ziel miteinander umgehen, entfaltet sich mit der Zeit ein eigenes Verhältnis zu Fehlern: eine bestimmte Wahrnehmung von, eine bestimmte Einstellung zu, ein bestimmter Umgang mit Fehlern.

"I'll have the tuna-fish salad *but I want you to bring me sausage, egg, bacon, beans and chips by mistake.*"

Abbildung 68:
«Ich bestelle den Thunfischsalat, aber ich möchte, dass Sie mir versehentlich Bratwurst, Eier, Schinken, Bohnen und Pommes frites bringen.»
Cartoon von Adey Bryant

Die Reaktion auf Fehler sowie die Bewertung ihrer Wirkung und Bedeutung können in verschiedenen Disziplinen stark variieren. In manchen Bereichen, wie etwa der Medizin, der Rechtsprechung, dem Qualitätsmanagement, ist absolute Fehlerfreiheit beabsichtigt. Eine angestrebte Null-Fehler-Philosophie soll hier idealerweise umgesetzt werden. Das ist der Tatsache geschuldet, dass Fehler in diesen Bereichen rasch gravierende Konsequenzen nach sich ziehen können. Schnell ist man in der Nähe von Kunstfehlern, Justizirrtümern, Totalschäden, also von potenziellen Tragödien, die oftmals mit hohen ideellen und materiellen Kosten einhergehen.

Was tät Trude tun?

Im Jahr 2010 feierte Gertrude Baines ihren 115-ten Geburtstag. Man wüsste gern, was man machen muss, um so alt zu werden. Ich sah ein Interview mit ihr und ihrem Arzt, der uns ihr Geheimrezept nennt: «Sie hat nie Dummheiten gemacht.»

Es gibt Tätigkeitsfelder, in denen eine intensive Fokussierung auf Fehler in Entscheidungsprozessen stattfindet. Bei der Pilotenausbildung ist das ganz stark so. Ein wichtiger Aspekt der Ausbildung zum Piloten ist die Arbeit im Flugsimulator. Dieser erlaubt es, die Folgen aller möglichen Aktionen und Reaktionen im Cockpit durchzuspielen. Der Flugschüler lernt hier weitgehend realitätsnah, die Auswirkungen getroffener Entscheidungen einzuschätzen. Und da, wo Entscheidungen getroffen werden müssen, werden natürlich bisweilen auch Fehlentscheidungen getroffen. Das liegt in der Natur der Grundsituation: wenig Zeit, viel Stress, Überkomplexität.

Im Zentrum der Pilotenausbildung steht die Vermittlung einer besonderen Form des Wissens. Intensiv trainiert wird die Vermeidung dessen, was in kritischen Momenten unter gar keinen Umständen in die Wege geleitet werden darf. Diese Fähigkeit soll die Piloten vor gravierenden Missgriffen bewahren und hat insofern eine ausgesprochene Sicherheits- und Schutzfunktion: Totalverluste durch Kapitalfehler sollen so vermieden werden.

Abbildung 69: Ei, wer schaut denn da von draußen rein? – Ein Bild von ausgeprägter Originalität

Auch in anderen als den bereits genannten Bereichen gibt es folgenschwere, destruktive, ja desaströse Schreckensszenarien. Etwa in der Atomtechnik. Auch hier ist gesichertes Know-how über die Entstehung von Fehlerkatastrophen zentral und die absolute Vermeidung eines jeden Super-GAU vordringliches Ziel. Insofern spielt gerade hier die wissenschaftliche Disziplin der Fehlerforschung eine ganz bedeutsame Rolle.

Bei einer wissenschaftlichen Disziplin kann man in den allermeisten Fällen ein Geburtsdatum nicht exakt benennen. Bei der wissenschaftlichen Fehlerforschung als Wissensgebiet ist das aber anders. Als ihr zeitlicher Ursprung gilt der 7. Juli 1980. Das ist der

Tag, an dem sich in den USA eine interdisziplinäre Gruppe von internationalen Wissenschaftlern traf, um über allgemeine Sicherheitsfragen zu diskutieren. Konkreter Auslöser war ein die ganze Welt aufrüttelnder Katastrophenfall im Kernkraftwerk *Three Mile Island* vom vorausgegangenen März gewesen.

Weitere höchst risikoreiche Vorkommnisse in anderen Kernreaktoren intensivierten während der gesamten 1980er Jahre die theoretische, praktische und experimentelle Beschäftigung mit Fehlerkrisen an Mensch-Maschine-Schnittstellen. Was tun, wenn Apokalypse?

Die Fehlerproblematiken in Hoch- und Höchsttechnologien sind in der Regel komplex und vielschichtig. Sie in den Griff zu bekommen erfordert die intensive Zusammenarbeit mindestens von Ingenieuren, Mathematikern, Psychologen, Neurologen, Biologen sowie darüber hinaus von Kognitions-, Computer- und Naturwissenschaftlern.

Die Motivation hinter den breit angelegten Forschungssträngen der Fehlerforschung ist es, Bedingungen herauszuarbeiten, unter denen sich Fehlleistungen zu Katastrophen aufschaukeln würden. Das dabei geschöpfte Wissen will Fehlerkrisen in Programmabläufen, Handlungssequenzen und Aktionsketten aller Arten kontrollieren helfen. Nicht weniger wichtig ist es jedoch, unbeabsichtigte Nebenwirkungen von rigiden Fehlerunterdrückungsbemühungen zu verhindern.

Gegen ohne alle Fehler. Nur auf wenigen Gebieten herrscht ansatzweise eine fehlerfreundliche Fehlerkultur. Bei kreativem Schaffen etwa. Innovationsmanager bemühen sich, schöpferisch tätig zu sein und Neuerungen zu entwickeln: Dabei wird auch das positive, ja sogar das produktive Potenzial von Fehlern gesehen. Punktuell wird anerkannt, welche nützlichen, weil durchaus chancenreichen Zwischenstadien sie in Entwicklungsprozessen markieren können. Zwar «entdeckt nicht jeder, der nach Indien fährt, Amerika», wie Erich Kästner einmal lyrisch formulierte, doch sind viele Neuerungen dadurch entstanden, dass das eigentliche Ziel einer Unternehmung gescheitert ist.

In dieser Sicht können Fehler auch bereichern. Sie machen das Leben bunter und munterer, als es ohne sie wäre. Es gibt gehaltvolle, geistreiche, intelligente, inspirierende Fehler, die zu neuen Ergebnissen, Einsichten, Produkten führen und insofern metaphorisch als Pforte gesehen werden können, durch die Neuland betreten wurde.

Dies sind nützliche Fehler. Der Nutzen nützlicher Fehler besteht darin, dass sie uns schrittweise voranbringen. Bedenken Sie nur einmal, wenn in grauer Vorzeit bei der Entwicklung des Lebens die Natur einen Weg gefunden hätte, die Erbsubstanz absolut fehlerfrei zu kopieren. Keine Mutation, keine Selektion, keine Evolution. Als Pantoffeltierchen würden wir noch in der Ursuppe schwimmen. Nur die weniger als totale Zuverlässigkeit beim Vervielfältigen von DNA-Strängen hat die Natur vorangebracht. Fehler schaffen Neues. Oft Schlechteres, aber manchmal Besseres. Das Schlechtere wird verworfen. Das Bessere wird zum neuen Standard.

Damit sind wir beim sogenannten Serendipitätsprinzip. Charakterisiert ist es durch eine unerwartete glückliche Fügung im Unglück: Es beschreibt etwas letztlich Erfolgreiches, das über Umwege aus zunächst Fehlgeschlagenem entsprungen ist. Ein Musterbeispiel ist die zufällige Entdeckung von ursprünglich nicht Gesuchtem, welches sich dann als überraschend nutzbringender Fund entpuppt. Auch hierzu eine Kostprobe:

Alexander Fleming präparierte 1928 eine Schale mit Nährlösung zur Züchtung von Staphylokokken-Bakterien. Dann ging er in Urlaub. Die präparierte Schale war aber verunreinigt, und nach seiner Rückkehr musste Fleming enttäuscht feststellen, dass sich in ihr ein Schimmelpilz gebildet hatte. Er wollte Schale und Inhalt eigentlich sofort entsorgen. Doch gerade noch rechtzeitig bemerkte er, dass sich in der Umgebung des Schimmelpilzes die Bakterien nicht vermehrt hatten. Ganz seltsamerweise dort nicht mehr vorhanden waren.

Fleming ging der Sache nach. Es gelang ihm, aus der Nährlösung einen bakterientötenden Stoff herauszulösen, dem er nach dem Pilz Penicillium notatum den Namen *Penicillin* gab: ein Stoff, der heute weltbekannt ist. Im Jahr 1945 erhielt Alexander Fleming für seine Entdeckung den Nobelpreis. Penicillin hatte sich als wahres Wundermedikament entpuppt.

Auch Viagra, Teflon, LSD, Sekundenkleber und Nylonstrümpfe sind Produkte flüchtiger Serendipität. Glück im Unglück ist ein Glück, das auch der erst mal Glücklose noch haben kann. Das Fehlgeschlagene hat immer noch die Chance, serendipitär zu wirken und letztinstanzlich von Erfolg gekrönt zu enden.

Wir ziehen weiter.

Zur Pädagogik. Selbst sie als Übermittlerin von Richtig und Falsch ist in den letzten Jahren zu einer zunehmend unverkrampften Sicht von Fehlern gelangt. Ihre moderne Entwicklungslinie zeigt in Richtung konstruktive Misserfolgskorrektur, bei der ein Lernen aus eigenen und fremden Fehlleistungen im Vordergrund steht: So wird der Vorgang des Fehlermachens und der Zustand des Fehlergemachthabens für die Schüler weniger angstbesetzt.

Auf dem eingeschlagenen Weg soll die Fehlerfurcht reduziert werden, gleichzeitig zielt er auf ein Milieu der Fehlerempathie. Dazu werden die Rahmenbedingungen für Lernumgebungen geschaffen, in denen Fehler tendenziell auch fruchtbar gesehen werden.

Fehlermachen allein führt natürlich nicht per se zum Lernen aus Fehlern. Dazu ist eine besondere Hinwendung zum Fehler notwendig sowie auch die Grundhaltung, diesen als Sprungbrett zur richtigen Lösung aufzufassen. Diese Einschätzung gewinnt in der aktuellen Pädagogik zunehmend an Raum und erlangt – hoffentlich – die Oberhand.

"Do I get partial credit for simply having the courage
to get out of bed and face the world again today?"

Abbildung 70: «Bekomme ich noch ein paar Punkte dafür, dass ich den Mut
hatte, aufzustehen und der Welt gegenüberzutreten?» Cartoon von Randy
Glasbergen

Wir kommen nun zur Mathematik. Sie scheint auf den ersten Blick
eine sehr rigorose Haltung gegenüber Fehlern einzunehmen. Der
richtigen, fehlerfreien Lösung wird unter jedem Blickwinkel ein
Ausschließlichkeitsanspruch zugestanden: «Du sollst keine Lösung neben mir haben.» Eine falsche Lösung lässt eine Aufgaben-
stellung ungelöst. Genauso ist es beim Beweisen. Ein fehlerhafter
Beweis ist gar keiner.

Best of Grausamkeiten (2)

hier: Entgleisung einer Gleichung

$-20 = -20$
$16 - 36 = 25 - 45$
$16 - 36 + (9/2)^2 = 25 - 45 + (9/2)^2$
$(4 - 9/2)^2 = (5 - 9/2)^2$
$4 - 9/2 = 5 - 9/2$
$4 = 5$ →

Joseph Beuys hätte das möglicherweise als Anti-Mathematik bezeichnet, und es hätte ihm vielleicht sogar gefallen, sagte er doch einst: «Meine Stellung zur Kunst ist gut, meine Stellung zur Anti-Kunst ebenfalls. Wir brauchen beide Methoden. So muss zur Mathematik die Anti-Mathematik erkannt werden.»
Fürwahr.
Übrigens: Danke, Joseph Beuys, posthum. Mit Ihren Fettmontagen, Heftpflaster- und Mullbinden-Haufen haben Sie den Beweis erbracht, dass der Weg von den großen Museen dieser Welt zur Müllkippe auch in die andere Richtung gegangen werden kann.

Aber schweifen wir nicht vom Thema ab.
Vielmehr frage ich Sie: Wo genau liegt der Fehler beim obigen Gedankengang?

Doch immerhin gibt es ganze mathematische Teilgebiete, die ihre Entstehung der Existenz von Fehlern bei Rechnungen in Computern verdanken. Die fraktale Mathematik und die Chaosforschung gehören dazu. Beide würdigen die Tatsache, dass selbst kleinste Genauigkeitsfehler in langen rückgekoppelten Rechenprozessen sich später wegen Fehlerfortpflanzung zu großen Abweichungen zwischen Ist- und Sollzuständen aufschaukeln können. Zudem sind Präzisionsmängel durch Rundungs-, Abbruch- und Messfehler oft grundsätzlich unvermeidlich, so dass dem Anspruch einer Annäherung der Rechenergebnisse an die wahren Lösungen in diesen Systemen allein schon deshalb fundamentale Grenzen gesetzt sind.

Selbst winzigste Anfangsunschärfen türmen sich in solchen Wirkungsgefügen längerfristig auf. Das geschieht besonders häufig dann, wenn eine Schleife wiederholt durchlaufen wird und der Eintritt in den nächsten Rechenvorgang mit dem Endergebnis des vorhergehenden Schrittes beginnt. Anfangsungenauigkeiten schaukeln sich typischerweise derart hoch, dass schon der Einsatz zweier verschiedener Computer für die Rechnungen zu ganz unterschiedlichen Ergebnissen führt.

"DON'T TELL ME I'M WRONG...AS FAR AS I'M CONCERNED,
IT'S YOUR COMPUTER'S WORD AGAINST MY COMPUTER'S WORD."

Abbildung 71:
«Sag mir nicht, dass ich unrecht habe. So wie ich es sehe, steht das Wort deines Computers gegen das Wort meines Compu-ters.» Cartoon von Edgar Argo

Insofern kann man nicht mehr von einer einzigen exakten Lösung sprechen, sondern eher von einer zufallsbeeinflussten Verteilung der Lösungswerte. Mitunter gerät der Prozess durch Fehlerwachstum auch ganz außer Kontrolle: Unkontrollierbar können Fehler dann werden, wenn sie einer Dynamik unterworfen sind, die sie explosionsartig verstärkt.

Fundiertes Wissen um Fehler, ihre Entstehung, Vermeidung oder, falls unvermeidbar, dann idealerweise ihre Nutzbarmachung ist allerorts und immer hilfreich. Die Menschheit hat in Jahrtausenden einen reichhaltigen Erfahrungsschatz über Missgeschicke jeglicher Ausprägung zusammengetragen. Von Miseren in zwischenmenschlichen Beziehungen wie etwa Partnerschaften zu Notständen in technisch-industriellen Abläufen wie etwa Produktionsstraßen. Diese Lebenserfahrungen sind festgehalten in so verschiedenartigen Schriften wie religiösen Texten, psychologischen Ratgebern, technischen Manualen, wissenschaftlichen Abhandlungen, künstlerischen Kompendien. Darüber hinaus auch in einer wahren Flut von Romanen, Gedichten, Parabeln, Theaterstücken und Nachschlagewerken. Und nicht zuletzt gibt es in der Mathematikliteratur – als Kollektion von Extrembildungsprodukten – quadratkilometerweise Beweise. Darunter ein reichliches Maß von Beweisen, die uns weiser machen.

Vom Weltwissen in Büchern

Der Titel ist das Aushängeschild eines Buches. In England haben besonders exzeptionelle Titelkunstwerke die Chance, einen Literaturpreis der besonderen Art einzuheimsen: Er wird für an sich ernst gemeinte Bücher mit ausgeprägter Skurrilität vergeben. Wir listen einige Auserwählte dieser genuin großbritannischen Weise der Würdigung von Literatur.

Rick Pelicano (2004): *Bombproof Your Horse*
[Machen Sie Ihr Pferd bombensicher]

Dale L. Porter (2001): *Fancy Coffins to Make Yourself*
[Coole Särge zum Selbermachen]

Der Titel des nächsten Buches sagt viel auf einmal:

Kathleen Meyer (1988): *How to Sh*t in the Woods: An Environmentally Sound Approach to a Lost Art*
[Wie man in die Wälder sch*ßt: Ein umweltfreundlicher Ansatz für eine verlorene Kunstform]

Shad Helmstetter (1982): *What to Say When You Talk to Yourself*
[Was man in Selbstgesprächen sagen sollte]

Crescent Books, Hrsg. (1972): *Be Bold with Bananas*
[Kühn sein mit Bananen]

Und auch der deutsche Markt bietet einschlägige Exemplare, wenn es auch bei uns keinen Preis dafür zu gewinnen gibt, was irgendwie schade ist:

Thomas Hönscheid von der Lancken & Christiane Hahn (2009): *Schwester Helga, Du maximierst mein Glück. Der Arztroman zur Mikroökonomie.*

→

$$\frac{1}{n}\sin x = ?$$

$$\frac{1}{n}\sin x =$$

$$six = 6$$

Abbildung 72:
Best of Grausamkeiten (3),
hier: Kürzen als
Aufführungskunst

Wir beschließen die Liste mit einer satirischen Kurzmeldung zum Vorschulkinderbuch *Die kleine Raupe Nimmersatt*. Zwei Jahre bevor er Präsident der USA wurde, bezeichnete George W. Bush dieses Buch einmal als sein Lieblingsbuch. Und er fügte hinzu, es habe ihn beim Heranwachsen geprägt.

Das ist interessant. Noch interessanter ist es aber, dass dieses Buch von Eric Carle erst 1969 erschienen ist, in einem Jahr, als George W. Bush bereits 23 Jahre alt war. Mag sein, dass auch für einen heranwachsenden Twen das abwaschbare Bilderbuch von der hungrigen Raupe noch die eine oder andere nützliche Botschaft parat hat. Vielleicht muss man auch hier das im Hinterkopf haben, was uns der 43. US-Präsident bei anderer Gelegenheit riet: «Missunterschätzen Sie mich nicht.»

Das stimmt. Und auch dies ist richtig: Niemand scheitert je total. Selbst wer ganzheitlich versagt, kann immer noch als schlechtes Beispiel dienen. Also dann: Wenn Ihr 20-plus-x-altriger Sprössling plötzlich anfängt, die *Raupe Nimmersatt* zu lesen, und es zu seinem →

Lieblingsbuch wird, müssen Sie dringend gegensteuern: Mehr als einen Staatenlenker vom Schlage George W. Bush verträgt die Welt nicht. Wenn er auch mal mein Lieblingspräsident war, allerdings nur unter den jüngeren primzahlnummerierten Präsidenten.

Apropos und bekanntlich ist nach Douglas Adams «42» die Antwort auf alles. Und ich habe den Verdacht, dass «43» die Antwort auf nichts ist.

Es ist evolutionär günstig, wenn der Menschheit mächtige Tragödien wie Weltkriege, Reaktorkernschmelzen, Flugzeugabstürze, Staudammbrüche, Öltankerhavarien, Zugunglücke und ähnliche Super-GAU-Szenarien so selten wie irgend möglich widerfahren. Jede neue Generation muss nicht jeden jemals aufgetretenen Fehler eigens begehen, um daraus für die Zukunft zu lernen. Auch durch Analyse fremder Fehler wird man schlau. Zu diesem Zweck der Fehlervermeidung wollte unsere Reise einen Beitrag leisten, mit dem erwähnten Augenmerk auf quantitativen Fehlern, die aber oftmals andere Fehler nach sich ziehen.

Anhang

a. Anmerkungen

1 Dieses Gedankenexperiment ist in Anlehnung an Zimpel (2008).
2 Charig und andere (1986).
3 Siehe Knödel (1969).
4 Siehe Kolata (1990): What if they closed 42nd street and nobody noticed? In: The New York Times, 25. 12. 1990, S. 38.
5 Nach einer Studie gab es in den 23 US-amerikanischen Städten, welche ihr Straßennetz um die meisten Kilometer pro Person erweiterten, einen Anstieg der Staus um durchschnittlich 70 %. Nach: The New Yorker, Ausgabe vom 2. 9. 2002.
6 Unter Verwendung von Informationen aus Pöppe (1992).
7 Enthalten in der Arbeit «Cheating behavior and the Benford's law» von Dominique Geyer.
8 Übrigens: Quidquid latine dictum sit, altum viditur. Oder zu Deutsch: Was immer man auf Lateinisch sagt, hört sich profund an.
9 Pearson & Lee (2003).
10 Ich danke Christof Nachtigall für die Zusendung des Datensatzes.
11 Nach Nachtigall & Suhl (2002).
12 Daten nach C. A. Bessey & E. A. Bessey (1898).
13 Dolbear (1897).
14 Daten adaptiert nach World Bank (1999): World Development Indicators 1999, Washington.
15 Furby (1973).
16 Eysenck (1971a).
17 Nachtigall & Suhl (2002).

b. Literatur

Verwendete und weiterführende Publikationen

Agresti, A. (2003): Categorical Data Analysis. Wiley, Hoboken, New Jersey.

Baur, L. (2009): Klassische Probleme der Mathematik: Königsberger Brückenproblem. Ausarbeitung. Fachbereich Mathematik und Informatik, Philipps-Universität Marburg.

Bessey, C. A. & Bessey, E. A. (1898): Further notes on thermometer crickets. American Naturalist, 32, 263–264.

Braess, D. (1969): Über ein Paradoxon aus der Verkehrsplanung. Unternehmensforschung, 12, 258–268.

Cathcart, Th. & Klein, D. (2010): Platon und Schnabeltier gehen in eine Bar – Philosophie verstehen durch Witze. Goldmann, München.

Charig, C. R., Webb, D. R., Payne, S. R. & Wickham, O. E. (1986): Comparison of treatment of renal calculi by operative surgery, percutaneous nephrolithotomy, and extracorporeal shock wave lithotripsy. British Medical Journal, 292, 879–882.

Christakis, N. A. & Fowler, J. A. (2011): Connected: The Surprising Power of Our Social Networks and How They Shape Our Lives. Back Bay Books, New York.

Dolbear, A. E. (1897): The cricket as a thermometer. In: American Naturalist, 31, 970–971.

Eysenck, H. J. (1971 a): Social attitudes and social class. British Journal of Social and Clinical Psychology, 10, 201–212.

Eysenck, H. J. (1971 b): The IQ-Arguments: Race, Intelligence and Education. Library Press, New York.

Falk, R., Lann, A. & Zamir, S. (2005): Average speed bumps: Four perspectives on averaging speeds. Chance, 18, 1, 25–32.

Feld, S. L. (1991): Why your friends have more friends than you do. In: American Journal of Sociology, 96, 6, 1464–1477.

Furby, L. (1973): Interpreting regression toward the mean in developmental research. Developmental Psychology, 8, 172–179.

Geyer, D. (2013): Cheating behavior and the Benford's law. http://www.gobookee.org/law-firm-log-notes-sample/

Grams, T. (2013): Denkfallen und Paradoxa. http://www2.hs-fulda.de/~grams/dnkfln.html

Graumann, C. F. (Hrsg.) (1965): Denken. Kiepenheuer und Witsch, Köln.

Guggenberger, B. (1998): Sein oder Design. Im Supermarkt der Lebenswelten. Rotbuch Verlag, Hamburg.

Haans, A. (2008): What does it mean to be average? The miles per gallon versus gallons per miles paradox revisited. Practical Assessment, Research & Evaluation, 13, 3.

Hand, D. J. (1994): Deconstructing statistical questions. Journal of the Royal Statistical Society A, 157, 317–356.

Havil, J. (2009): Das gibt's doch nicht: Mathematische Rätsel. Spektrum Akademischer Verlag, Heidelberg.

Hernández-Diaz, S., Schisterman, E. F. & Hernán, M. A. (2006): The birth weight «paradox» uncovered? American Journal of Epidemiology, 164, 11, 1115–1120.

Hilscher, H. (2003): Viertausend Jahre Mittelwertbildung. Eine fundamentale Idee der Mathematik und didaktische Implikationen. Universität des Saarlandes, Fachrichtung Mathematik, Preprint 98.

Kahneman, D. & Tversky, A. (1972): Subjective probability: a judgement of representativeness. Cognitive Psychology, 3, 430–454.

Kelley, D. (1994): The Art of Reasoning. 2. Auflage. Norton, New York.

Kleist, P. (2006): Vier Effekte, Phänomene und Paradoxe in der Medizin. Schweizer Medizinisches Forum, 6, 1023–1027.

Knödel, W. (1969): Graphentheoretische Methoden und ihre Anwendungen. Springer, Berlin, S. 57–59.

Kohn, W. (2005): Statistik. Datenanalysis und Wahrscheinlichkeitsrechnung. Springer, Heidelberg, Berlin.

Lann, A. & Falk, R. (2005): A closer look at a relatively neglected mean. Teaching Statistics, 27, 3, 76–80.

Lichtenstein, S., Slovic, P., Fischhoff, B., Layman, M. & Combs, B. (1978): Judged frequency of lethal events. Journal of Experimental Psychology: Human Learning and Memory, 4, 551–578.

Lippe, P. v. d. (1993): Deskriptive Statistik. Online-Ausgabe, Stuttgart, S. 318.

Mittelpunkt von Deutschland. www.mathematische-basteleien.de/geomittelpunkt.htm

Nachtigall, C. & Suhl, U. (2002): Der Regressionseffekt. Mythos und Wirklichkeit. Methevalreport, 4 (2), Schriftenreihe des Lehrstuhls für Psychologische Methodenlehre und Evaluationsforschung, Institut für Psychologie, Friedrich Schiller Universität Jena.

Niggeschmidt, M. (2013): Sarrazins wichtigste Fehler im Überblick. http://www.migazin.de/2013/08/06Sarrazins-wichtigste-Fehler-im-Ueberblick/

Paul, D. (2011): Was ist an Mathematik schon lustig? Vieweg & Teubner, Wiesbaden.

Paul, H. (2002): Deutsches Wörterbuch: Bedeutungsgeschichte und Aufbau des Wortschatzes. 10. Auflage. Niemeyer, Tübingen.

Pavlides, M. G. & Perlman, M. D. (2009): How likely is Simpson's Paradox? The American Statistician, 63 (3), 226–233.

Pearson, K. & Lee, A. (1903): On the laws of inheritance in man. Biometrika 2, 4, 357–462.

Pöppe, Chr. (1992): Paradoxes Verhalten physikalischer und ökonomischer Systeme. Spektrum der Wissenschaft 1992 (Nr. 11), 23–26.

Redelmeier, D. A. & Tversky, A. (1996): On the belief that arthritis pain is related to the weather. Proceedings of the National Academy of Sciences, 93, 2895–2896.

Schrage, G. (1984): Stochastische Trugschlüsse. Mathematica Didactica, 7, 3–19.

Schwarz, S. (2004): Das Notenparadoxon. Wurzel, 38, 5, 90–93.

Sieg, G. (2007): Volkswirtschaftslehre. Oldenbourg, München.

Simpson'sches Paradoxon. www.vwi.tu-dresden.de/~treiber/Statistik1/Statistik_download/folien1_simpson.pdf

Slovic, P. (1972): From Shakespeare to Simon: speculations – and some evidence – about man's ability to process information. Oregon Research Institute Research Monograph, 12, 2.

Stephan, E. & Kiell, G. (2000): Homo oeconomicus im psychologischen Labor. Beitrag zum 42. Kongress der Deutschen Gesellschaft für Psychologie, Jena.

Stern, E. (2010): Was heißt hier erblich? Zeit-Online, 2. September 2010. http://www.zeit.de/2010/36/Intelligenz-Sarrazin

Todorovar, A. (2002): Predicting real outcomes: When heuristics are as smart as statistical models. Manuskript.

Vogelgesang, P. (2003): http://web.archive.org/web/20060209143823

Wikipedia. de.wikipedia.org/wiki/Wikipedia

Wiswede, G. (2000): Einführung in die Wirtschaftspsychologie, 3. Auflage. Reinhardt, München/Basel.

World Bank (1999): World Development Indicators 1999, Washington, D. C.

Zimpel (2008): http://www.zedis.uni-hamburg.de/www.zedis.uni-hamburg.de/wp-content/uploads/zimpel_normalpaedagogik.pdf

c. Bildnachweis

Abb. 1, 2, 4, 6–9, 11–15, 18–22, 24–26, 28–30, 32–36, 38, 41, 43–47, 49, 51–54, 56, 58–62, 65, 66: Vlad Sasu

Abb. 3: www.beautycheck.de

Abb. 5: www.sizegermany.de

Abb. 10: © Interfoto

Abb. 16: © picture alliance/dpa/Foto: Julian Stratenschulte

Abb. 17: Alex Balko und Christian Hesse

Abb. 23: © picture alliance/AP/Foto: Manish Swarup

Abb. 27: © Aaron Bacall

Abb. 31, 37, 39, 50, 55, 63, 64, 67, 68, 71: www.CartoonStock.com

Abb. 40: Vlad Sasu auf der Grundlage einer Karte von Matthäus Merian

Abb. 42: British Library Board/The Bridgeman Art Library, © Succession Picasso/VG-Bild-Kunst, Bonn 2013

Abb. 48: © picture alliance/Everett Collection

Abb. 57: www.break.com

Abb. 69: www.funny.com

Abb. 70: © 2002 by Randy Glasbergen

Abb. 72: © 2013 by ROFL.TO

Abb. 73: © Ivo Kljuce

Leider war es uns nicht in jedem Fall möglich, den Rechteinhaber zu ermitteln. Selbstverständlich ist der Verlag bereit, berechtigte Ansprüche abzugelten.

d. Danksagung

Ich danke Vlad Sasu für die professionelle Erstellung der meisten Abbildungen, ferner meinem geschätzten Lektor, Herrn Dr. Stefan Bollmann, für die exzellente Lektorierung und Betreuung des Manuskripts durch alle Phasen bis zum fertigen Buch, sowie dem Verlag C.H.Beck für eine abermals sehr erfreuliche Zusammenarbeit.

Mein größter Dank gilt meiner Familie: Andrea Römmele, Hanna Hesse und Lennard Hesse.

e. Autor

Christian Hesse, Jahrgang 1960, promovierte an der Harvard University, lehrte an der University of California in Berkeley und war 1991 nach seiner Berufung an die Universität Stuttgart der jüngste Professor der Bundesrepublik. Es folgten wissenschaftliche Gastaufenthalte unter anderem an der Australian National University (Canberra), der Queens University (Kingston, Kanada), der University of the Philippines (Manila), der Universidad de Concepción (Chile), der Xinghua-Universität (Peking) und der George Washington University (Washington, D.C., USA).

Abbildung 73:
Christian Hesse,
Mathe-Matador
aus Mannheim mit
Maskottchen

Hesses berufliche Vortrags- und Reisetätigkeit erstreckt sich über viele Teile der Welt, von St. Petersburg über die Yucatán-Halbinsel bis zur Osterinsel, von Tahiti über Dublin bis Kapstadt. Von Juli 2012 bis März 2013 war er Gastwissenschaftler an der Universität von Kalifornien in Santa Barbara.

Er beriet das Bundesverfassungsgericht beim Wahlrechtsurteil, das Stuttgarter Staatstheater beim Stück «Qualitätskontrolle» des Regie-Teams Rimini Protokoll und errang gegen den amtierenden Schachweltmeister, den indischen Großmeister Viswanathan Anand, bei einer Partie in Zürich ein stark umkämpftes Unentschieden.

Neben zahlreichen mathematischen Publikationen veröffentlichte er eine politikwissenschaftliche Arbeit, zwei Lehrbücher, ein in mehrere Sprachen übersetztes Schachbuch, eine Fibel zum Humor in der Wissenschaft sowie den Bestseller *Warum Mathematik glücklich macht*.

Ein Kommentator nannte ihn «den vielseitigsten Wissenschaftler Deutschlands», was dieser vehement verneint und sich selbst nur als unterdurchschnittlich begabt für die Konzentration auf ein einziges Thema bezeichnet.

Christian Hesse ist immer noch Brillen-, aber nicht mehr Seitenscheitelträger, bekennender Billig-Bier-Trinker und war nie Mitglied von irgendeiner Boy Group. Sein Lieblingsmaler ist der Herbst. Er ist der Meinung, dass ein wichtiger Teil des Lebens die Wahrheitssuche ist, wir es aber oft nur auf Halbwahrheiten bringen und dann auch noch die falsche Hälfte für wahr halten.

Was ihm nach eigener Aussage das Wichtigste ist: Er ist verheiratet, hat mit seiner Frau zwei Kinder und lebt mit allen relativ zufrieden in Mannheim.

Aus dem Verlagsprogramm

Christian Hesse bei C.H.Beck

Was Einstein seinem Papagei erzählte
Die besten Witze aus der Wissenschaft
2. Auflage. 2013. 234 Seiten mit 55 Abbildungen.
Paperback

Christian Hesses Mathematisches Sammelsurium
$1 : 0 = \infty$
2012. 237 Seiten mit zahlreichen Abbildungen im Text.
Pappband

Achtung Denkfalle!
Die erstaunlichsten Alltagsirrtümer und
wie man sie durchschaut
2011. 224 Seiten mit 61 Abbildungen und 35 Tabellen.
Gebunden

Warum Mathematik glücklich macht
151 verblüffende Geschichten
4. Auflage. 2012. 346 Seiten mit 93 Abbildungen.
Pappband

Das kleine Einmaleins des klaren Denkens
22 Denkwerkzeuge für ein besseres Leben
3., durchgesehene Auflage. 2010.
352 Seiten mit 117 Abbildungen.
Paperback

Verlag C.H.Beck

Mathematik bei C.H.Beck

Albrecht Beutelspacher
Albrecht Beutelspachers Kleines Mathematikum
Die 101 wichtigsten Fragen und Antworten zur Mathematik
3., durchgesehene Auflage. 2010. 189 Seiten mit 10 Abbildungen.
Halbleinen

Albrecht Beutelspacher
Zahlen
Geschichte, Gesetze, Geheimnisse
2013. 112 Seiten mit 34 Abbildungen. Paperback

Mario Livio
Ist Gott ein Mathematiker?
Warum das Buch der Natur in der Sprache der Mathematik
geschrieben ist
Aus dem Englischen von Susanne Kuhlmann-Krieg
2010. 366 Seiten mit 64 Abbildungen. Gebunden

Marcus du Sautoy
Eine mathematische Mysterietour durch unser Leben
Aus dem Englischen von Stephan Gebauer
2011. 318 Seiten mit 125 Abbildungen. Gebunden

Marcus du Sautoy
Die Mondscheinsucher
Mathematiker entschlüsseln das Geheimnis der Symmetrie
Aus dem Englischen von Stephan Gebauer und Andreas Gebauer
2008. 429 Seiten mit 78 Abbildungen und 4 Tabellen. Gebunden

Verlag C.H.Beck